KUWEI
酷威文化
图书 影视

[日] 中岛辉

——— 著

陈雪婷 ——— 译

口头禅决定人生

 江苏凤凰文艺出版社

JIANGSU PHOENIX LITERATURE AND
ART PUBLISHING

图书在版编目（CIP）数据

口头禅决定人生 /（日）中岛辉著；陈雪婷译 .
南京：江苏凤凰文艺出版社，2025. 4. — ISBN 978-7
-5594-9458-0

Ⅰ．B848.4-49

中国国家版本馆 CIP 数据核字第 2025NZ3428 号

著作权合同登记号 图进字：10-2025-28

口头禅决定人生

[日] 中岛辉 著 陈雪婷 译

责任编辑	项雷达	
特约编辑	多珮瑶 陈思宇	
装帧设计	八牛·書装·設計 34508448@QQ.COM	
责任印制	杨 丹	
出版发行	江苏凤凰文艺出版社	
	南京市中央路 165 号，邮编：210009	
网 址	http://www.jswenyi.com	
印 刷	天津鑫旭阳印刷有限公司	
开 本	880 毫米 × 1230 毫米 1/32	
印 张	5.75	
字 数	100 千字	
版 次	2025 年 4 月第 1 版	
印 次	2025 年 4 月第 1 次印刷	
书 号	ISBN 978-7-5594-9458-0	
定 价	42.00 元	

江苏凤凰文艺版图书凡印刷、装订错误，可向出版社调换，联系电话 025-83280257

前　言

被误解的"自我肯定感"

"自我肯定感"。

近十年，这个词突然进入大众视野，并得到广泛传播。如今，无论是职场还是育儿，甚至是同学聚会闲聊中，都能听到这个词。书店里摆着许多以"自我肯定感"为主题的书籍，相关的杂志专栏和电视专题节目也层出不穷，话题热度持续走高。

我也曾执笔多本"自我肯定感"相关书籍，开设过相关专题讲座。

但也正因如此，我发现许多人对"自我肯定感"存在误解。广为人知的只有这个词语本身，而非其内在含义。大家所认知的"自我肯定感"大多并不正确。许多人被字面含义误导，形成了错误的认知。

"我的自我肯定感很低，这让我很痛苦。"

"如何才能提升自我肯定感？"

"真羡慕自我肯定感高的人。"

每次听到这些说法我都觉得很惋惜，因为大家都误解了自我肯定感这一概念。例如：

你是否认为，自我肯定感高是指自我评价较高且十分自信？

你是否认为，提升自我肯定感只需满足获得认可的欲望？

你是否认为，提升自我肯定感需要积极思考？

但这些都是错误的认识。

自我肯定感与性格无关，更不同于自我评价与自信程度。得到他人认可并不能提升自我肯定感。获得自我肯定感也无须强迫自己积极思考。

是否很出乎意料呢？有许多读者会感到，这与自己所认为的"自我肯定感"大相径庭。

那么，"自我肯定感"究竟是什么呢？我想谈谈自己的看法。

自我肯定感是一种"心灵免疫力"

人是社会性动物，而生活在社会当中心灵难免会受伤。有轻微的擦伤，也有需要进行紧急手术的重伤，反复受伤更是常有的事。

人的一生都在与受伤做斗争，而斗争方法大致可以分为两类。

一类是从外部抵御攻击。

请想象一名身穿坚实铠甲的战国武士。他身披铠甲，被箭矢射中也毫发无损。这就是俗话说的"拥有钢铁般意志的人"。这类人往往自尊心极强。但即便有铠甲抵御，他还是可能被手持利刃的敌人找到铠甲上的缝隙，一刀刺穿身体。若是遇上子弹，那便更是防无可防。铠甲虽有作用，但并非万能。

另一类是受伤后迅速恢复。

拔出没入体内的箭矢，伤口就能以肉眼可见的速度迅速愈合。若能拥有这样的躯体，那便可以无惧受伤。无论是箭矢、刀剑还是子弹，都无须害怕。

这样想来，与其寻找最坚固的铠甲，不断提高自身的恢复能力才是保持强大的关键。

你可能会想，追求这种游戏中才有的恢复能力是否过于不切实际?

可事实真的如此吗?

想想儿时摔跤擦伤膝盖的场景。是不是只过了一周,伤口就愈合如初了?当年的伤口如今是否已看不出一丝痕迹?或者你是否有这种体验,感冒时不去医院,慢慢休养也就恢复健康了?这归功于人自身的免疫力。血液和淋巴系统中的各种免疫细胞同细菌和病毒展开搏斗,让你的身体重归健康。

人体本就有自愈能力。这正与拔出箭矢后伤口就能自行愈合这种游戏中才有的恢复能力十分相似。但免疫力并不特别,人人都有,并且能随着生活习惯改善逐渐变强。

心灵也是如此。同样的,人心也有自愈能力,心灵受伤也能自行愈合,而这种能力是每个人都具备的。这种心灵免疫力正是自我肯定感的本质。当心灵"擦伤"时,它能促进"结痂"。当心灵"感冒"时,它能消灭"病毒"。当心灵遭到各种"细菌"入侵时,它能与之搏斗,维护心灵健康。

这就是自我肯定感。

心灵由"话语"构筑而成

如何提高心灵免疫力呢?

我们可以参考提高身体免疫力的方法。提高身体免疫力的关键在于饮食。可以说，人的身体状态是由饮食决定的。

在美国，有 You are what you eat（你吃什么，你就是什么）的说法。在日本，也有食疗的概念。日常饮食中包含蛋白质、糖分、脂肪、维生素、矿物质等各类营养元素，而我们的身体正是由这些元素构成的。想要提高身体免疫力，就要先保障饮食的营养均衡。

那么，心灵又是由什么元素构成的呢？

心灵由"话语"构筑。心灵的健康与否，取决于所吸收的话语。例如，儿时父母常挂在嘴边的话，毕业典礼上班主任的致辞，学生时代反复阅读的书籍中的话语，紧张时在心中默念的那句"没事的"，每天早晨和家人告别时说的"我出门了"。

说出的话语，听到的话语，看到的文字话语，心中浮现的话语，脑内响起的话语，这些话语都是心灵的营养元素，构成了我们自身的情感、思维方式、价值观，塑造了我们的心灵。

提高身体免疫力的关键在于改善每日饮食，换句话说，就是要改变日常的饮食习惯。**同样，提高心灵免疫力的重点也是改善"每日饮食"，即改善"话语饮食习惯"。提高日常生活中无意识吸收的话语的质量，就能切实提升自我肯定感。**

改变口头禅 迎接美好人生

所谓"话语饮食习惯",就是本书讨论的主题——口头禅。口头禅指习惯性挂在嘴边的话语,例如"你说得对""可是""对不起""糟糕""真可爱""真好笑"等。每个人都有自己的口头禅。

想要获得心灵免疫力,就要提高口头禅的质量,改变每天无意识挂在嘴边的话语。你或许会怀疑是否如此简单,但事实的确如此。

改变口头禅就能切实提高心灵免疫力,获得真正的自我肯定感。这就是口头禅的强大力量。心灵免疫力越强,受伤后恢复得越快。你无论遇到什么事情都不会情绪低落,保持真实的自我,无论身处何处都能自在而快乐地生活。提高心灵免疫力,就能过上这般美好的人生。

本书将讲解如何通过改变口头禅这一简单方法,获得真正的自我肯定感,迎接美好人生。

第一章首先破除大众对自我肯定感的根本误解,分析了口头禅具备的力量。

第二章中讲解了改变口头禅的具体方法。

第三章结合时代变化,讲解了"安心感"这一形成自我肯定感的基础。

第四章再次明确了自我肯定感的定义。

第五章延伸讨论了自我肯定感对人际关系的影响。

如果你错误认识了自我肯定感，并因此一直深受其扰，请不必担心。

如果你认定自己无法拥有自我肯定感而想就此放弃，请不必担心。

如果你阅读了大量相关书籍并实践过网上的各种建议，却都效果平平，请不必担心。

我曾尝试从哲学、心理学、心理咨询、心理辅导、自我启发、冥想、芳香疗法、心理疗法等各个角度探究自我肯定感的本质，研究并实践提升自我肯定感的方法。我自认开拓出了这一研究领域。

改变口头禅就能不断提高心灵免疫力，就能获得真正的自我肯定感，迎接美好的每一天。让我们一起提升真正的自我肯定感吧。

目 录

第二章 改变"话语饮食习惯"

第三章　带动"安心感"的血液循环

第四章　自我肯定感的运行机制

第五章　心灵免疫力影响他人

后记　手握幸福！站上起跑线吧！

第一章

◇

恢复心灵免疫力

本章要点

· 自我肯定感与出身及成长环境无关。

· 提升自我肯定感没有年龄限制。

· 你曾是提升自我肯定感的高手。

· 话语是心灵的营养元素。

· 改变"话语饮食习惯"（即口头禅），就能重获自我肯定感。

关于自我肯定感的三个误解

近几年来，随处都能听到"自我肯定感"一词。无论是在社交网络的发言中，还是在各个书店里，总能看到这个词。

作为一名心理咨询师，自我肯定感一直是我的研究课题之一。我很高兴这个词被大众熟知并接纳，但有一点令我担忧。我担心大家是否误解了自我肯定感这个词。大家都知道自我肯定感这一概念，也都十分了解自我肯定感与幸福之间的关系。但不知为何，大家似乎将自我肯定感这个词当作了一种借口。

"因为我的自我肯定感很低。"

"因为他的自我肯定感很高。"

"我从小就得不到夸奖，所以自我肯定感很低。"

根据我的观察，对于自我肯定感的误解分为以下三类：

认为自我肯定感是出身及成长环境决定的。

认为自我肯定感是无法改变的。

认为自己从没有过自我肯定感。

以上这些都是误解。

自我肯定感并非是由出身和成长环境决定，且一成不变的。每个人能获得自我肯定感，即便是在成年后，同样可以提升自我肯定感。不可否认，有些人的自我肯定感较弱，但所有人都具备获得自我肯定感的能力，也随时可以通过实践提升自我肯定感。

那要如何提升自我肯定感呢？

我希望你能养成一个习惯，那就是改变口头禅。

改变口头禅，就能提升自我肯定感。

改变口头禅，就能改善人生。

你或许不相信方法如此简单，但事实的确如此。

本章作为一个引入章节，将解答上文提到的关于自我肯定感的误解，同时也会说明口头禅的重要性。

你曾是提升自我肯定感的高手

首先，我想问你一个问题。谁是这世上自我肯定感最高的人？

是活跃于世界各地的顶尖运动员，还是就职于外企的职场商务精英；是每天在社交媒体上晒出美照的精致网红，还是独自创业，为事业奋斗的新锐企业家？

的确，这些人或许拥有较高的自我肯定感，但他们都不是自我肯定感最高的人。

因为自我肯定感最高的是婴儿。没错，婴儿都是获得自我肯定感的高手。

这究竟是怎么回事呢？让我们从婴儿学会直立行走的过程展开分析。

人类产道的宽度限制了婴儿大脑（头盖骨）的生长，导致人类在出生时尚处在发育不成熟的状态。因此在出生后的一段时间里，婴儿甚至无法自己翻身。到出生后的半年到八个月左右，婴儿能够学会爬行。接着在某一天，婴儿像在某种无形的力量牵引下站立起来，尝试迈出第一步。当然，他不可能立刻学会行走。他会猛地摔倒并大声哭泣。虽然存在个体差异，但婴儿学会行走通常需要一年甚至更长的时间。也就是说，从站起来到学会行走的这段时间里，婴儿每天都在摔倒，每天都在感受失败和疼痛。

这种状态对于成年人来说，实在难以坚持下去。无论是多么渴望的事情，如果每天都在失败，并且持续一年之久，我想谁都会心灰意冷地放弃。但婴儿并未停止。无论多少次摔倒，多少次哭泣，他都会继续尝试迈开双腿。因为婴儿本能地知道，自己能够走路。

此外，婴儿对各类事物都充满兴趣。他会将手伸向周围的事物，抓住什么都往嘴巴里送。对于婴儿来说，四周的世界充满了未知的事物。成年人如果身处未知的世界中，一定会心生恐惧，有些人甚至会害怕得不敢动弹。

但是婴儿毫不畏惧。无论承受了多少次疼痛，遭到了多少次责骂，他都会继续将手伸向未知事物，将其塞进感知最敏锐的嘴巴里，试图去了解它。这些行为正是自我肯定感在起作用。

婴儿拥有一颗即便失败、受伤，也能迅速恢复的心灵。他不为失败而绝望，不因未知而胆怯，永远勇往直前。婴儿在这种自我肯定感的驱使下不断挑战，能做的事情越来越多。

你会如何看待这个过程？这样想来，是不是觉得没有比婴儿的自我肯定感更强的人了？无论是每天看起来都光鲜亮丽的人，还是手握财富和荣誉的成功人士，都会有害怕失败的时候。他们会受伤害，也会失去斗志。但婴儿从不会如此。他会执着地一次次迈出脚，向未知事物伸出手。这正是因为婴儿拥有整个人类群体中最高的自我肯定感。

我想再次强调，这是所有人在孩童时期都具备的特点。

即便是如今变得畏缩不前、思想消极的人，在刚出生时也拥有极高的自我肯定感。他们也经历了无数次的挑战，终于学会了行走。他们也曾好奇心旺盛，喜欢把东西往嘴里塞，让父母倍感头疼。

我想指出，所谓获得自我肯定感，就是恢复这种状态的过程。它既不需要从外界获取，也无法凭空创造。因为我们本就拥有最高水平的自我肯定感，只需要重新找回即可。

那么，怎样才能重获婴儿时期那种最高水平的自我肯定感呢？我将在本书中讲解具体操作方法。

随时都能重获自我肯定感

大家对于自我肯定感的最大误解 —— 这是只有特殊人群才具备的能力；而另一大误解 —— 自我肯定感是由童年时期的成长环境决定的。

即便我曾在讲座等场合表示"所有人在婴儿时期都拥有最高水平的自我肯定感"，但仍有很多人不信。他们常常会说这样的话："小时候，我的父母总是在言语上否定我，对我十分严厉。我的自我肯定感已经变低，为时已晚了。"许多人认为，自我肯定感在幼年时期就已经定型，自己这辈子再也无法获得自我肯定感，因此选择了放弃。

我很理解他们说出这番话时的心情。我也曾有相似的经历。小时候，养父母抛弃了我。这给我造成了心理阴影，一直无法相信他人。三十五岁前的十年间，我一直躲在家里闭门不出。我很清楚，童年的遭遇会给人带来很大的影响。

此外，心理学中有一个概念，称为"替代性强化"。所谓替代性强化，是指通过观察他人的行为及其结果进行学习和模仿。这种现象更容易出现在关系亲密的父母和子女之间。也就是说，孩子会自然而然地模仿父母的行为。

无论是根据弗洛伊德关于创伤的探讨，还是从替代性强化这一概念来看，童年的环境和经历都会对个体的人格塑造产生很大的影响，这是毋庸置疑的。

但我仍然坚决反对"自我肯定感在童年时期便已定型"这种观点。现在开始努力并非亡羊补牢，每个人都能随时重获自我肯定感。

从《追寻生命的意义》看人心

你知道《追寻生命的意义》这部作品吗？

它是曾在二战时遭到纳粹迫害的奥地利精神科医生维克多·弗兰克所著的不朽作品。弗兰克在三十七岁时，被关进集中营大约三年。《追寻生命的意义》讲述了他在集中营的生活。

集中营的凄惨生活是生活在当下的我们难以想象的。践踏尊严、漠视生命的种种行径每天都在发生，并持续了很多年。有人被关进一次能杀死几百人的毒气室，有人因为过劳、饥饿、拷打、人体实验和传染病等相继丧命。据估计，有超过八百万人死在这些集中营中。

在这种地狱般的日子里，不断有人因为无法忍受折磨而选择了自杀，但也有人在这种环境中存活了下来。弗兰克就是幸存者之一。正因为他们对未来抱有希望，没有迷失自我，才有勇气继续活下去。

用弗兰克的话说，这是一种"使命感"。他心想，如果能活着走出集中营，就出版自己的著作。他有一种强烈的使命感，认为苦难的人们需要他的作品，因此才没有丧失对生活的希望。

《追寻生命的意义》中描写了那些身处绝望却依旧积极乐观、努力生活的人们。例如，有人即便快要饿死，也会将仅有的面包分给他人，并出言安慰；有人从一个集中营被转移至另一个集中营，却因在转移的列车上看到夕阳而心生感动，体会到了活着的喜悦。这些细致而真实的故事告诉我们，无论面临多么悲惨的情况，自身的心态和看待世界的方式，都会影响一个人对生命的态度。

这对于生活在现代的我们来说也是如此。即使在糟糕的家庭环境中成长，心态的变化也能在很大程度上改变你的人生。童年时期的家庭环境无法决定你一生中的自我肯定感。正如书中的那些人们，即使被关进集中营，过着凄惨的日子，他们却仍然看到了生的希望，努力地活下去。

我想再次强调，每个人都能随时重获自我肯定感。

人的大脑一生都在变化

你曾是获得自我肯定感的高手，并且无论你的出身和成长环境如何，都可以随时重获自我肯定感。接下来，我将从脑科学的角度解释这一观点。

人脑中有超过一千亿个神经细胞，数量庞大的神经细胞构成了神经网络。一般来说，大脑的神经细胞一旦死亡便无法再生。因此，在很长一段时间里，人们认为大脑功能会在二十岁左右达到活跃高峰期，之后便会逐渐退化。但随着脑科学研究的深入，科学家发现了令人震惊的事实。

死亡的神经细胞的确无法再生，但此前的习惯和训练会促使剩余的神经细胞"重新排列"，构筑起新的神经网络。这一现象在脑科学界被称之为"神经可塑性"。例如，由于脑梗死或脑出血等问题导致部分大脑功能损伤的患者，可以通过复健恢复相应身体机能。这正是神经可塑性的作用。

学界此前认为，神经细胞无法增多，但最新研究发现，部分神经细胞在成年后仍可增多。它就是掌管人类记忆的神经细胞——海马体。研究表明，通过改善各类生活和饮食习惯，可以促进海马体神经细胞的再生。

我经常听到这样的观点：孩童思维灵活，自身具有可塑性，但成年人思维固化，无法再做出改变。但从脑科学的角度来看，这种观点无疑是错误的。大脑的神经细胞在不断构建新的联系网络，不断更新迭代，一直处在变化之中。如果说有什么力量在阻止大脑产生变化，那就是你自己的内心。

那么，是什么束缚了你的大脑，将自我肯定感限制在了较低水平呢？

首要因素就是口头禅。

心灵的营养来源于话语

为何要讨论口头禅？因为自我肯定感与内心状态相关联。简单来说，自我肯定感关系到心理健康。

正如我在前言中所说，自我肯定感较高的状态就是心灵免疫力较高的状态。如果将心灵当作某种生命体，就会浮现出一个问题——心灵的营养来源是什么？

作为生命体，心灵自然需要休息，也需要营养。心灵需要休息这一点很容易理解，但想弄清楚没有肠胃的心灵依靠什么获取营养，的确有些困难。但我可以肯定地说，心灵的营养来源于话语。也正因如此，改变口头禅与改变"心灵的饮食习惯"息息相关。

其中究竟有何关联，接下来我将进行详细讲解。

语言促进人类发展

人类是地球上独特的智慧生物，拥有三大特征。

第一个特征，拥有语言。

有观点指出，世界上只有屈指可数的语言实现了文字化，许多少数民族所使用的语言并未形成独立的文字，但所有民族都拥有语言。亚马孙雨林腹地中某个独立的村落中同样存在当地语言，村民也有自己的母语。哪怕再小的民族，人们都是依靠语言交流，依靠语言生存的。

第二个特征，拥有时间的概念。

我们能将过去、现在、未来，以及年、月、日、小时、分钟、秒等概念区分开来。得益于这一能力，人类才能理解事物的发展顺序，厘清其中的因果关系，思考我们的未来。

而相反地，大部分动物只能认知现在。它们无法回顾过去，也不会思考将来。一部分动物大量进食以备过冬只是一种动物本能，与理性思考后付诸实践的行为并不相同。

可以说，正是因为有了过去、现在、未来的时间概念，人类的文化和文明才得以不断进步。

第三个特征，拥有想象力。

例如，你的面前有一杯水。如果是猫狗等其他动物，可能会将水喝掉，或是将水杯弄倒。但人类或许会想："要不要加点乳酸菌饮料？"人类可以从全新的视角去思考，这就是想象力，是人类独有的特征。想象力让人类拥有了创造力，带来了社会革新，推动了人类的发展。

重点在于，拥有时间概念和想象力的首要前提都是拥有语言。没有语言，我们就无法理解"过去""现在""未来"这些概念所代表的时间流逝。没有语言，我们就无法思考、传递和实现想法。语言之于人类的重要性高于一切。《创世记》以神的一句"要有光"开始，而在光明之前出现的，是语言。

可以说，一切始于语言。

话语塑造个体

回顾我们每个人的人生，也是同样如此。我们从出生的那一刻起，就不断通过语言了解世界。父母说出的话语，电视里传来的话语，街道上的各种话语……我们记忆并理解这些话语，获得了向他人传达思想和情感的工具。我们用语言进行思考，用语言认识自己的情绪，逐渐成长为独立的个体。换句话说，没有语言，你就无法成为现在的你。可以说，正是语言塑造了我们的心灵。

假设有一对同卵双胞胎姐妹，她们拥有相同的遗传基因。两人无论是成长环境，还是日常饮食，都差别不大。但随着年龄的增长，两人的性格就会逐渐出现差异。这到底是为什么呢？因为她们吸收了不同的话语。

他人的话语、自己的话语、读到的话语等所吸收话语的差别，将两个人塑造成了不同的模样。也就是说，相较于遗传基因和成长环境，话语更能塑造我们的心灵。

那么，你曾吸收过怎样的话语？如今又在吸收着怎样的话语呢？你想试着改变自己的"话语饮食习惯"吗？

无法避免的话语过剩

首先，我将介绍一项有关"话语饮食习惯"的有趣数据。

亚利桑那大学和得克萨斯大学的联合研究团队曾进行过一项研究。团队挑选了美国和墨西哥的约四百名大学生，让他们持续佩戴录音设备几天的时间，对学生周围的声音进行了录音采样。之后，团队对录音数据进行分析，研究人们在一天中说出词语的数量。

结果显示，男性与女性情况相同，平均每天表达约一万六千个词语。据此推断，一个人平均每月表述约五十万个词语，一年则是约六百万个词语。

当然，英文和日文在相同的表达中所使用的单词数并不一致，且有的人能说会道，有的人则沉默寡言，存在一些个体差异。但总的来说，我们在日常生活中的确需要说出非常多的话语。

此外，还有这样的研究数据。即使我们不说出口，脑海中也会经常浮现出各种话语。例如，"锁门了吗""晚饭吃什么""能不能快点变成绿灯"等等。在与他人交流的时候，我们的脑海中也会不断浮现出不同于所说话语的内心独白，例如"刚才的措辞是不是不太好""对了，我忘了那件事"等。这种心中的自言自语，会以每分钟四千个词语的速度在脑海中飞速闪现。要说这速度有多快，它几乎可以一分钟完成美国总统四十分钟的演讲（美国总统国情咨文演讲的速度通常为每小时六千个词语）。我们的脑海会以这般惊人的速度浮现出话语。

当然，充斥在我们日常生活中的话语，不只有自己说出的话语和内心独白，还有他人主动表达的话语，隔壁小组的话语（对话），在社交网络和书上看到的话语（文字），甚至从电视、网络视频、车站广播中听到的话语。我们对周围的话语毫无防备，总是随意地全盘接受。如此一来，我们在日常生活中实际接收到的话语数量，能够达到每天自己说出的一万六千个词语的数十倍甚至数百倍。

当然，你或许感觉并没有那么多。因为大多数的话语是你在无意识中接收的，大脑也不可能记住所有的话语。但这些话语，都会在不同程度上塑造你的心灵。

正因如此，我们需要在有意识的范围内，筛选需要吸收的话语。但我们能控制的，只有自己说出的话语。因此，关注自身口头禅就显得尤为重要。

理解比事实更重要

德国著名哲学家尼采曾说过这样一句话："没有事实，只有理解。"

绝大多数人都将各种事物当作事实，认为它们是绝对不变，也是无法改变的，例如社会事件、他人的话语、自己的情绪等。人们将这些当作事实，认为这是唯一且确定的真实。

但尼采告诉我们，一切都只是一种理解。他认为世上没有事实，有的只是利用自身眼光做出的理解。例如，你面前有一个苹果，你看到这是一个红苹果。但你所感知的红与其他人所感知的红是相同的吗？这是哲学界称之为主客观统一的深刻问题，至今没有哲学家能给出明确的答案。

我们都生活在一个主观理解的世界里。也就是说，你的理解决定你眼前的世界呈现出怎样的模样。

话语可以改变理解

我在创作本书的过程中，经常遇到各种截止日期。这是编辑和客户等人规定的工作交付期限，不能随意逾期。人们一般认为它是一种命令或契约。当截止日期非常紧迫时，我也想抱怨"我做不到""这个截止日期太折磨人了"。而没赶上截止日期时，我又会产生"对不起，没能按时交付""我真没用"等自责的情绪。

有一次，我将自己的困扰告诉了同行好友。好友表示，因为不喜欢这种精神压力，所以他会把截止日期当成是一种约定。这令他感到出奇的放松，并建议我也尝试这样做。我听取了他的建议，也开始将截止日期当作一种约定。在那之后，我逐渐开始认为，做出约定的主体是我自己，不再感到排斥。我自然而然地认为应遵守约定；并且，我逐渐转变了想法——我认为既然这是约定，如果超过了期限，只要重新约定日期就好。

现在，如果实在无法如期完成工作，我就会提前几天与对方联系，提议重新约定时间，例如"能不能再延长三天"这样。因为在我的认知里，它不是截止日期，而是一种约定，因此我不会感到自责，也能够更好地遵守新的约定，以积极的心态去完成书稿。这就是理解的力量。

你会将工作交付日期理解为截止日期还是一种约定？理解不同，面对工作的方式和感觉到的压力也会截然不同。

此外，我真切地感受到，理解是可以自行转变的。

在心理学中，这种运用不同视角重新看待事物的做法，被称为"认知重构"。最著名的认知重构案例"半杯水问题"，即当你看到杯子里的半杯水时，你会认为"只有半杯了"，还是会认为"还有半杯"？不同的人会有不同的理解，面对这一问题就会做出不同的回答。

你或许认为这只是换了一种说法。的确如此，但这就足够了。从"截止日期"到"约定"的转变，从"只有半杯"到"还有半杯"转变，你只需要换一个说法，即凭借话语就可以改变自身的理解。改变理解是一件非常简单的事情，不是吗？

我们利用话语来理解事物，因此，只要改变用词就可以改变理解。例如，"失败了"可以换成"了解了某事"或"学到了某个道理"，"不擅长"可以换成"经验较少"，"很困难"可以换成"在某种条件下我能做到"，"可能是我的话惹怒了对方"可以换成"或许是对方太累了"。

人们认为一切都是事实，因此会悲观地认为一切已经无法改变，并因此放弃尝试。但这一切或许都取决于你的理解。这一切或许只是一个故事，运用你熟练掌握的话语，就能决定情节发展。

相反，正因为这是你所构建的故事，你可以随时改写内容。通过改变话语，我们随时都可以转变理解。无论是过去的事情，如今呈现在眼前的世界，还是今后的人生，我们都可以利用话语去改变。

想象力具有超越现实的力量

我想再聊聊大脑的有趣特点。

请想象你面前有一片柠檬，颜色鲜黄、汁水饱满的柠檬。你拿起它，慢慢地将它送进嘴里。你感受着果汁的香气，咬了一口果肉。当你这样想象时，虽然你实际上并没有吃柠檬，分泌的唾液却越来越多。

人脑无法准确分辨想象与现实。因此，当你在脑海中想象酸柠檬，大脑就会促进分泌大量的唾液。

再假设你很喜欢咖喱。想象你面前是你最喜欢的咖喱，散发着香料的香气。但是，闻起来虽然是你最喜欢的咖喱，颜色却是蓝色的。这样一来，你肯定连勺子都不愿拿起吧？

如果它是咖喱的黄褐色，你会觉得那是你最喜欢的咖喱，食指大动。但如果它是蓝色，你就会觉得它看起来很难吃，毫无食欲，心生嫌弃。这个例子虽然极端，但揭示了一个道理——人对事物的印象（外观）改变后，对其性质（例子中指好恶）的认识也会随之改变。

这正是我想强调的——想象具有超越现实的力量，而且是一种压倒性的强大力量。下面我将通过一项研究结果来证明这一点。

澳大利亚心理学家艾伦·理查森针对篮球运动员进行了一项实验。首先，他评估了各个球员的罚球能力。之后，他将球员随机分为三组，并向每组下达如下指令：

A组：每天进行二十分钟罚球练习。

B组：不进行罚球练习。

C组：每天进行二十分钟罚球想象训练。（想象训练需要球员清晰地想象出罚球时的手部动作和投篮角度等细节，想象完美投进罚球的瞬间。）

二十天后，再次进行罚球能力测试，结果如下：

A组：罚球能力上升24%。

B组：罚球能力没有变化。

C组：罚球能力上升23%。

实验结果令人吃惊：实际进行了罚球训练的A组和进行想象训练C组在能力提升程度上相差无几，但C组的选手们只是反复想象罚球成功的画面，仅此而已。可他们与实际进行罚球训练的球员获得了几乎同等的能力提升。从这一数据结果就能看出想象力有多么强大。

此外，还有这样的故事。从小在马戏团中戴着镣铐成长的大象，在长大并有能力挣脱镣铐后，也不会试图反抗。因为在它的想象中，它还和小时候一样。它认为镣铐是无法挣脱的，自己始终无法逃离。这个故事正是心理学中"习得性无助"的经典案例。比起具备挣脱能力的"现实"，无法挣脱的"想象"占据了上风。

想象具有超越现实的力量。因此，你对自己有怎样的自我印象，对未来有何种愿景，就显得非常重要。

话语与想象相辅相成

话语能够有效强化你的想象。例如，相比起想象"一条河流"，想象"一条宽约百米的大河缓缓流淌着碧蓝清澈的河水"，是不是更容易在脑海中描绘出清晰的画面？

上文的罚球想象训练也是如此。相比起单纯地想象"投进罚球"，每次想象时都尽量描绘细致而清晰的场景，能获得更好的效果。例如"在某地和某球队比赛时，面临某种场面。你先拍了两下球，再将膝盖弯曲到某个角度后投出罚球"。

想象就像是模糊的蜡笔画，仅从画面中很难分辨画作内容，也很难与他人达成共识，但通过增加语言描述，就能够将画作勾勒得更加清晰。

话语能让想象更加鲜明，从而有效改变你的自我意识，留下深刻的记忆。

因此，在制定目标时应对目标进行细致的语言描绘。例如，给自己定下"明年七月登顶富士山"的目标，而不是单纯地决定"去登山"。

当你做出了具体的语言描述，现实就会朝着那个方向发展。当你有了具体的想法，就能明确当下需要做什么，应如何实现目标。你会开始无意识地收集所需信息，自然而然地开始采取行动。

当你有了明确的目标，就需要灵活运用想象的力量。你需要尽量细致地想象目标实现的画面，并且尽可能地用语言细致描绘想象中的画面，这样才能让想象变为现实。

自我肯定感培养积极的眼光

"理解比事实更重要。"

"想象比现实更加有力。"

这是我一直想说的两句话。它们蕴含着相同的道理：事物都有消极和积极的一面，但我们可以选择以何种角度去看待事物。

你可以做出消极的理解，哀叹"只有半杯水"，也可以做出积极的理解，庆幸"还有半杯水"。你可以消极地认为"锁链无法挣脱"，也可以坚定地相信"自己能够投中罚球"。这全都取决于你的理解与想象。

这两句话还告诉我们，话语能够带来改变。话语能改变理解，强化想象。如果我们将话语当作工具，就可以选择积极的理解方式，描绘积极的想象画面，看到事物积极的一面。

肯定的眼光是成功的前提条件

你听说过传奇的田径运动员卡尔·刘易斯吗？一九八四年，他在洛杉矶奥运会的田径男子百米决赛中，以九点九九秒的成绩打破了世界纪录。当时，百米成绩能进入十秒内的运动员屈指可数。

但在他突破十秒大关后的几年间，涌现出多位百米跑进十秒的运动员。这是为什么呢？运动员的身体素质不可能在短短几年间就有了质的飞跃。这是因为当有人突破了十秒大关，其他运动员就会受到鼓舞，相信自己也能跑进十秒。在这种想法的作用下，运动员们就会认为跑进十秒十分寻常。这种现象被称为"同步现象"。

取得好成绩（跑进十秒）的前提正是要有积极的态度。如果想法消极，认为没有人能跑进十秒，便不可能成功。若无法看到事物积极的一面（相信自己也能做到），就永远无法跨越障碍，抵达成功的终点。

当你能看到事物积极的一面，就相当于选择了一条美好的道路。这种能力甚至可以决定你的人生。

自我肯定感帮助你改变看待事物的角度

你能否看到事物积极的一面，取决于你是否拥有自我肯定感。

当自我肯定感较低时，你只能看到事物消极的一面，做出消极的理解，认为自己"不可能跑进十秒"。你只能想象出失败的画面，因此害怕受伤而不敢挑战。

相反，当自我肯定感较高时，你就能看到事物积极的一面，相信自己能够跨越阻碍。你能想象出成功的画面，敢于不断挑战自己。即便迟迟未能成功，你也能很快重振旗鼓，继续迎接挑战。

你可以选择以积极的角度去看待事物，而自我肯定感是推动视角由消极转为积极的根本动力。没有自我肯定感，你就难以改变自身看待事物的角度。

自我肯定感是一种转变能力，让你能从积极的角度去看待事物。

潜意识无法区分主体

在本章的最后，我想谈谈潜藏在我们体内的"潜意识"。潜意识这一概念来源于奥地利心理学家西格蒙德·弗洛伊德提出的"无意识"概念。弗洛伊德的学生卡尔·古斯塔夫·荣格对这一概念进行了更深入的研究，并发展为如今为大众所熟知的"潜意识"概念。

关于"意识"，荣格曾说过这样一段话："表层意识只是露出海面的冰山一角。"

表层意识指自身能感知到的意识，而潜意识则是指并未显露在表层的意识，像是沉眠在表层意识之下的一种无意识。潜意识虽然在沉睡，但你肯定感受过它的力量。例如"明知必须做某事，心里却不想去做""明明不紧张，手却抖个不停"等等。这些正是在潜意识作用下出现的现象。

关于表层意识和潜意识在全部意识中的比例，存在众多不同说法。主流观点认为表层意识占4%，潜意识占96%。也就是说，我们平时能够感知到的所谓意识，只有4%，而绝大部分意识都是潜意识。

潜意识有一个非常重要的特征，无法区分主体。此处的"区分主体"指区分动作主体是说话人、听话人还是第三者，即主语为第一人称、第二人称还是第三人称。所谓"无法区分主体"，是指无论动作主语是谁，潜意识都会做出相同的理解。

例如，某人骂你"愚蠢"，你肯定会感到受伤。你或许会接受这种评价，自信心受挫。相反，如果你反唇相讥"你同样愚蠢"呢?

对潜意识来说,这与前一种情况完全相同,因此会做出相同反应。在潜意识的作用下,你会被自己的话语伤害,同样会丧失自信。对于潜意识来说,听到的与说出的话并无差别,就像是分量相同、馅料相同的饭团。两者别无二致,都能获得相同的营养。

潜意识无法区分表达和接收的话语,也无法区分听到的话语是否与自身有关。当你在充满谩骂的环境中成长,就容易缺乏自信,难以信任自己与他人。相反,如果你在成长中接触到的都是说话得体的人,你就能成长为自信且积极的人。

你或许已经意识到了,反向利用潜意识的这一特点,就能轻松地化劣势为优势。你就是带领自己走上幸福之路的领路人。

你可以称赞他人笑容灿烂,或是夸奖他人体贴而幽默。对于无法区分主体的潜意识来说,这就相当于在夸奖自己。在潜意识里,你会认为自己得到了夸奖,因此心生欢喜。借此,你能够在潜移默化中提高对自身的认可,发现自己的价值。而这种积极的心态正是培养自我肯定感所需要的。如果将这些有助提升自我肯定感的话语当作口头禅,就能逐渐养成较高的自我肯定感。

话语能够塑造心灵。只要改变自己的话语，即口头禅，就能轻松重获自我肯定感。

第二章

◇

改变"话语饮食习惯"

本章要点

· 口头禅不仅包括话语，还包括语音、语调、表情等要素。

· 改变的第一步，认识自我！

· 自我肯定感下降的信号：多用否定词，多用接续词，声低气怯，话语带有攻击性。

· 提升自我肯定感的方式：多用肯定词、句尾加上"也说不定"，给予自我肯定，说话时声音洪亮且面带笑容。

· 提升自我肯定感的最佳助力是表达感谢。

改变口头禅并非改变表达方式

日本是世界上著名的长寿国家之一。日本人平均寿命为84.3岁，位居世界第一。据估计，日本现有的百岁以上老人超过九万人。

这种长寿的特点得益于日本独特的日式饮食习惯。日式料理以大米和鱼类为主，是一种低脂肪、低热量的饮食。相反，欧美的饮食以面包和肉类为主，高脂肪、高热量的菜肴居多，容易引发肥胖、高血压等疾病。因此，世界各地都掀起了日式料理的热潮。改变只从肉类中获取蛋白质的饮食，增加鱼类和大豆的食用，多吃蔬菜，少摄入油分，日式饮食习惯作为一种正面案例，被世界各地争相效仿。

心灵健康的养成，同样需要营养均衡。自我肯定感较高的人，所吸收的话语往往有益心灵。这些营养均衡的话语就像是健康的日本料理，不会对心灵造成负担。相反，自我肯定感较低的人，所吸收的话语往往营养失衡。这些话语就像是快餐，刺激身心，加重负担。因此，我们必须改善"话语饮食习惯"，即改变口头禅。

谈到改变口头禅，或者说改变"话语饮食习惯"，你会想到怎样的改变方式呢？

相信许多人想到的是改变表达方式，表达更加积极。例如，将"好忙碌"改为"今天好好休息"，将"累了"改为"我尽力了"，将"吃多了"改为"真好吃"，将"你这孩子怎么这都做不好"改为"我希望你能做到"。

许多相关书籍都介绍过此类方法，但哪怕记住千万种积极的表达，也是毫无意义的。这就像是人在有意改变饮食习惯时才会选择吃沙拉。口头禅是指无意间说出的话语。有意说出的话语并非口头禅，也并未真正改变自身的"话语饮食习惯"。如果过分关注于表达方式的改变本身，就容易陷入误区，将改变表达方式当成最终目的。

我们的最终目的始终是重获自我肯定感。改变表达方式只是养成良好口头禅的手段之一，不需要死记硬背各类积极的表达。

我想通过一个简单的例子来说明，死记硬背毫无意义。

你面前有 A 和 B 两位青年。A 说话时声音洪亮，表达清晰，抬头挺胸，但 A 偶尔也会说些消极的话，像是"好担心今天的发表""这次可能会失败"。相反，B 总是十分积极地表示"今天肯定没问题""一定会成功的"，但由于 B 说话时总是声音微弱，唯唯诺诺，因此时常遭到质疑。

你认为谁的表达方式更受认可，谁的自我肯定感更高呢？我相信，大多数人都会选择 A。话语（内容）很重要，但表达方式同样十分关键。相信你也更愿意与语气高昂的 A 沟通吧。

由此可以看出，"话语饮食习惯"不仅与话语内容有关，还包括语音、语调，说话时的表情，长时间发言时的措辞说话时的习惯等。这些要素共同构成了所谓的口头禅。因此，仅仅记住积极的表达毫无意义。

如果你在遇到本书讨论范围以外的情况时，脱口而出的话语发生了改变，那就证明你的口头禅得到了改善。

我希望你能以此为目标，从根本上改变口头禅。

回顾自己的口头禅

"认识你自己。"这是刻在古希腊阿波罗神庙门柱上的一句话。据说哲学家苏格拉底将这句话解释为"想要塑造灵魂，需要认识自己的无知"这一伦理要求。塑造灵魂的说法虽然略显夸张，但认识自己的确是做出改变的重要前提。

认识自己是改变自身的捷径。

例如，一位高尔夫初学者想要增加自己的击球距离。如果他只是盲目地更换球杆，或是根据录像模仿专业运动员的动作，则很难有所进步，因为他没能正确把握自身现状。挥杆基础欠缺的人，再如何改善握杆姿势也只是徒劳。

对这位初学者来说，他首先需要了解自己当前的击球状态。他可以使用手机拍摄记录，也可以请朋友帮忙确认。他需要掌握自己的挥杆姿势，了解所用球杆的特点。这样才能认清自己与职业运动员的差距，做出适当的改善，进行针对性练习。

当他回看挥杆击球时的录像时，或许会发现自己姿势怪异，感到有些难为情。而他如果寻求他人的建议，在被指出不足时又会情绪低落。但即便如此，若不正视当前状态，就无法做出改善。想要有所改善，就必须认识自己。舞蹈练习室里之所以贴有镜子，正是为了帮助舞者们了解自己。即便难为情，即便跳不好，也必须接受当前的自己。正因如此，舞蹈室里才会贴着镜子。而想要改变口头禅，也需要直视镜中的自己。

首先，你需要了解并接受自己真实的"话语饮食习惯"。

我们很难客观看待自己

最不了解你的，或许正是你自己。

有一项实验可以很好地证明这一点。心理学家兼经济学家丹尼尔·卡尼曼以正在撰写毕业论文的大四学生为实验对象，询问众人预计需要多长时间才能完成毕业论文。丹尼尔让学生写下预计所需最短天数和最长天数。学生写下的平均最短天数为二十七天，平均最长天数为四十九天。但实际上，论文完成平均天数为五十六天。在自己预计的最短天数内完成论文写作的学生寥寥无几，在预计的最长天数内完成的学生也不到一半。

正如这些学生一样，我们在实践中通常很难客观分析现状，往往会低估所需时间和劳动力。丹尼尔将这种倾向称为"规划谬误"。

人类是难以客观看待自身的生物。尤其是口头禅这种无意识间脱口而出的话语，人们很难依靠自身察觉。当朋友指出自己的口头禅时，许多人会感到十分惊讶。正因如此，我们才需要有意识地回顾自己的口头禅。

回顾口头禅的五个方法

本节将介绍回顾口头禅的五个具体操作方法。使用这些方法进行回顾，你就能发现自己无意识间说出的那些口头禅。请找到适合自己的方法，并养成定期回顾口头禅的习惯。

一、口头禅日志

第一个方法是书写口头禅日志，即记录下自己的口头禅。我会在进行心理咨询时向客户推荐这一方法。你只需在与人交谈后，逐一记录自己所说的话语和涉及的话题。使用手机备忘录进行记录会更加方便快捷。通过持续地记录，你就能详细掌握自己的表达习惯。

当然，大多数人刚开始记录时会感到麻烦，不少客户也因此半途而废。但你可以将记录当作游戏，比如连续三天完成记录就去便利店买些甜品奖励自己，或是当自己重新开始记录时也给自己一些奖励，将记录中频繁出现的单词进行标记等。事先做好放弃后也能重新开始的准备。将记录当作一场游戏，就能在不知不觉间轻松养成记录的习惯。

二、对话时录音

第二个方法是录音并回放你与他人的对话。

你可以录下你与他人的对话。对话的对象没有限制，你可以录下自己与朋友、家人、恋人的日常对话，并回放对话录音。

这一方法十分有效，你不仅能了解自己的表达习惯，还能回顾自己当时的语音、语调等细节。你或许会因此有许多新发现，例如"原来我的声音是这样的""原来我经常停顿"，等等。

如今，许多人在工作中会进行线上会议。你也可以录下会议视频，用于回顾口头禅。

三、向他人询问

第三个方法是向他人询问。你可以向经常交流的人询问，了解自己有哪些口头禅。

如前所述，人很难客观看待自己，但可以客观地看待别人。你或许也能敏感地察觉出身边朋友有哪些口头禅。

如果你有孩子，也可以问问孩子的看法。孩子往往更清楚父母说过什么话。了解自己在孩子面前的表达方式，也能很好地回顾自己的口头禅。

四、回顾线上聊天记录

第四个方法最为简单，只需回顾线上聊天记录。除此之外，你也可以回顾工作邮件或是自己在社交媒体上的发言。回顾过去与他人的对话，就能了解自己平时的表达习惯。

虽然聊天记录是文字，只有只言片语，但同样可以从中找到自己的口头禅。

五、写日记

最后一个方法是写日记。重读日记也能帮助你回顾自己的表达习惯、话题选择方式以及对事物的关注重点。日记不需要给他人阅读，因此也没必要写成华丽的文章。你可以将日记本当成备忘录，随意记录自己的想法。越是私密的日记，就越能从中找到你自然流露的话语。你也可以不选择日记本，而是写在便笺本或手机备忘录上。选择适合自己的记录方式，更容易养成习惯。

以上就是回顾口头禅的五个方法。

此外，你还可以留意喜欢的明星有哪些口头禅。当你经常听到某位明星（例如某喜剧演员）的口头禅，有时也会脱口而出。许多话语在不经意间就成了你的口头禅。你还可以将以上这些方法进行调整或搭配使用，养成回顾口头禅的良好习惯。

了解当前"话语饮食习惯"是改变口头禅、重获自我肯定感的第一步，也是我们必须迈出的第一步。

代表心灵"亮黄灯"的口头禅

截至目前，我已为超过一万五千名客户提供了心理咨询服务，其中包括政府官员、专业运动员、心理状态不佳在家休养的公司职员、不愿上学的中学生，等等。我接触到了许多年龄、职业、性格各不相同的客户。在咨询过程中，我发现自我肯定感较低的人有着相似的口头禅。

在本节中，我将介绍表示自我肯定感降低的口头禅有何特点。但即便发现自己的口头禅有相似特点，也不必因此失落。这只是心灵亮起的"黄灯"，并不代表你已无可救药。这是潜意识向你发出的求救信号，用以提醒你及时加以改善。

一、否定词增多

这类口头禅最显著的特征就是否定词增多。同时，这也是最重要的一个危险信号。请注意自己是否经常使用"做不到""坚持不下去""肯定不行"等否定词。许多人会在与自己或孩子对话时出现这种倾向，或是在与下属沟通时经常否定对方，例如"这样不行""你怎么又犯错"等等。

为何使用否定词是一种危险信号？因为否定词会踩下"心灵的刹车"。那些否定的话语，就像一块禁止通行的指示牌。你在向心灵发出信号，阻碍它的前进与发展。前路被堵的苦闷和看不见未来的忧虑都会让你情绪愈加低落。

此外，否定词的频繁使用会导致你只能看到事物消极的一面。你会开始怀疑一切，习惯将各种否定的话语挂在嘴边。长此以往，你就会习惯性地拒绝、排斥和放弃。

例如，由于公司部门调整，你被分配到了不感兴趣的业务部门。你认为团队目标肯定无法达成，努力升职也只会徒增工作量。于是，你会在潜意识中收集证据，去证明你的想法。当你发现团队目标没有达成，发现同期进公司的同事晋升后工作繁重，就会因为心中想法得到印证而安下心来。渐渐地，你只能看到自己与他人的失败，丧失了上进心和自我肯定感。

频繁使用否定词让你看不见成功的可能性，你只能看到事物消极的一面，认定事情无法达成。你的视野越来越窄，思维逐渐变得僵化。

最终，你坠入了思想消极的无底泥沼之中。而一旦陷入这种恶性循环便很难摆脱，导致自我肯定感不断降低。

二、连接词增多

思想消极的另一个危险信号是连接词增多。请尤其注意英语中的连接词"But"，因为其后多接否定词。例如，在进行心理咨询时，许多客户会说"老师你说的我明白，但是……"，接下来就是陈述自己的否定观点。"但是""可是""话是这么说"，这些连接词之后通常都是否定的话语。哪怕你只说了一句点到为止的"但是"，你想表达的态度也同样是否定的。

此外，以表示转折的连接词开场的话语，大都是在找借口。当你总在为自己找借口，就会习惯性地忽视和逃避问题，逐渐丧失克服困难的能力。请想想具有极高自我肯定感的婴儿。自我肯定感是一种跨越障碍的能力，是拥有一颗百折不挠的心灵，一颗能接受自身失败的心灵，一颗能够积极行动的心灵。

总在找借口逃避的人无法获得自我肯定感。因此，转折连接词增多正是心灵亮起的"黄灯"。

三、声低气怯

语气变化也是需要留意的重点。例如，说话时音量变小，时常叹气，句尾吐字不清。出现这种声低气怯的现象正是自我肯定感下降的表现。你在踩下心灵的"刹车"，阻止自己进行语言表达。

在通常的汽车设计中，当驾驶者同时踩下刹车和油门时，汽车会刹停。也就是说，只要踩在刹车上的脚不抬起，再如何猛踩油门也仍旧寸步难行。当你在说话时踩下心灵的"刹车"，再华丽的辞藻也难以传达你的想法。你的心灵难以得到发展，甚至逐渐萎靡。这会让你变得情绪低落，思想消极。

我在为有心理问题的客户进行咨询时发现了这一危险信号。这类客户在咨询初期很难清晰表达自己的想法。他们在说话时往往低着头，吐字含糊不清。听到自己说出的口头禅（表达习惯）后，他们更感到心情郁结，难以平静思考。

四、话语带有攻击性

第四个危险信号是话语带有攻击性。这曾是我的说话特点之一。

我在二十五岁时患上了惊恐症等疾病，十年里一直闭门不出。了解当年情况的人说，我当时的说话方式与现在大不相同。我当时语速很快，喜欢反驳他人，总是讥讽他人"逻辑错误""自相矛盾""没品味""大错特错"等等。

我像是将扎在心中的刺化为了恶毒的话语。而这种说话方式也将我逼到了绝境。为了保护自己，我愈发尖酸刻薄，与众人保持距离。最终，我身边的人也渐渐离我而去。

话语带有攻击性也是自我肯定感降低的信号之一。由于无法接纳自己，无法从多个角度看待事物，导致视野逐渐变窄，失去了灵活应变的能力。在这种状态下，你将无法看见事物积极的一面。

除了注意声低气怯，也要留意话语中是否带有攻击性。它在提醒你是否需要重新审视自我肯定感，是一个重要的信号。言辞恶毒或许与性格无关，而是出于过度的自我保护和自我肯定感缺失。

你的口头禅是否有上述特征呢？人一旦变得思想消极就

容易陷入死胡同中，阻碍心灵发展，将自身逼入绝境，丧失所有热情。正因如此，才不能忽视这些信号，要在陷入死循环之前及时调整。

读完本节后，请不要因自己口头禅存在上述特征而感到失落。这些特征只是一种信号罢了，你应庆幸能够及时发现自身的问题。你留意到了内心发出的求救信号，很快便能重获自我肯定感。

四条口头禅建议

首先，请回顾自己的口头禅；其次，了解并确认自己的口头禅是否透露出危险信号。完成以上步骤后，我们将继续学习良好的口头禅。

如何养成良好的口头禅？我将介绍四种方法。

一、多用肯定词

上一节提到，使用否定词会踩下心灵的"刹车"。那么，心灵的"油门"是什么呢？答案呼之欲出，那就是与否定词相对的肯定词。

多用肯定词是养成良好口头禅的前提与关键。所谓肯定词，是描绘成功或表示接纳的话语。简单来说，就是积极的话语，例如"可以""没问题""好的""总有办法"等。例如，你是个期末考试在即的学生，通常你会感到焦虑，心想"快考试了，必须好好学习"。这就是一种使用否定词的表达。除了表示拒绝和排斥的词语，"必须""不得不"等表示义务的词语同样是消极的表达。

若改用肯定词进行表达，则可以说"这次我想考进年级前二十，加油学习吧"。在这句话中，学习从义务转变为实现自身愿望的手段，能够有效提高你的学习动力。需要备考的客观要求无法改变，但表达方式会影响学习动力。此外，设置"考进年级前二十"这种具体目标，有助于描绘清晰的想象画面。相较于一味埋头苦学，辅以想象的力量更容易实现目标。

但我需要提醒一点：若将表达全盘换为肯定词，则会变成一种自我催眠。例如，当你在工作中加班严重或业务过分繁重时，仍然积极地表示"没问题"。这种欺骗内心的行为，更容易损害身体健康。

在应当拒绝时要坚持自我。无法拒绝是压抑内心情感的表现。我之所以反对机械地改变表达方式，正是出于这一考虑。单纯地改变表达方式无法改善自身的口头禅。只有发自内心的话语才具备真正的力量。如果流于表面，反而会增加内心负担。良好的口头禅往往多用肯定词，但请勿本末倒置，过分执着于使用肯定词。你只需忠于自己的内心，并留心改善表达方式即可。

心灵的营养源于话语。换句话说，心灵与话语是相辅相成的。多用肯定词能改变自身对事物的理解，养成积极的思维习惯。多用肯定词与思想积极形成正向循环，不断提高自身的自我肯定感。

请从今天开始，积极运用肯定词的力量吧。

二、句尾加上"也说不定"

"我要改掉不好的口头禅！"

"我要多用肯定词！"

即便你有意改变口头禅，也很难迅速有所成效。口头禅是个人表达习惯，无法立刻改变。尤其是常说否定词的人想要改用肯定词，相当于是在颠覆自身的思维方式，具有一定难度。日常生活中仍会不时使用"但是""做不到"等否定词，遇到这种情况，可以在否定词后加上"也说不定"，例如"做不到，也说不定""无法坚持，也说不定"。在不经意间说出否定词时，可以加上一句"也说不定"。

当你不断认为"做不到""无法坚持"，看到心中立起的禁止通行的指示牌，会误以为前路都被堵死了。你自觉无能而失败，陷入负面循环中。至此，你就很难摆脱这一泥沼了。

将"也说不定"挂在嘴边，能避免自己陷入这种深深的自我怀疑。在否定词后加上"也说不定"，能给予自己重新理解事物的机会，发现其他的可能性。你的意识会自主寻找绕开死路、继续前进的方法。你会告诉自己，此路不通便另寻出路，此事不成便另起炉灶。

这是临床心理治疗中常用的一种方式，称为"认知解离"（Cognitive Defusion）。这是美国临床心理学家斯蒂芬·海斯提出的接受承诺疗法（ACT）中的一个衍生概念，用于和消极情绪拉开距离以避免陷入负面循环。"Fusion"意为"融合""混合"，前缀"de-"表示"脱离"，意为将消极情绪从复杂情感中剥离。

除了上文谈到的在否定词后加上"也说不定"的方法之外，还有许多方式可以实现认知解离。例如，将消极的话语当作歌词唱出来，或是想象话语如同漫画对话框一般浮现在你眼前。

这些方法都能避免你的大脑被"做不到"这种负面思维占据。通过引入其他习惯，客观审视自身等方式，尽量让你与消极情绪拉开距离。

我们不应在看到禁止通行的指示牌时便认为为时已晚。

当前路受阻，可以选择绕路前行，甚至是后退。有时，那指示牌不过是幻想，只需径直越过便能看到延伸向前的道路。我们要始终坚信，天无绝人之路。秉承着这样的积极态度，就能看见成功的可能，相信自己能够克服困难；而在成功战胜困难后，自我肯定感也会随之提高。

当你不经意间说出否定词时，不妨加上"也说不定"，将单纯的否定词转化为蕴含更多可能性的话语。只要坚持这一表达习惯，话语中的否定词就会逐渐减少。

三、习惯进行自我肯定

进行自我肯定是自我实现的重要方式。想必许多读者都了解或尝试过这一方法。自我肯定也是一种良好的"话语饮食习惯"。我将在本节中进行详细介绍。

所谓自我肯定，是指肯定性的自我告知，即通过话语将自身所描绘的理想和愿望告知自己。无论是否有证据支持，我们都断言自己能够成功。而我们的潜意识会对这一判断深信不疑。自我肯定能通过利用潜意识的特点来帮助你实现目标。

你可以使用以下几句话进行自我肯定，以提升自我肯定感。

"我能做到，总会有办法的！"

"我很幸运，一切都会好起来的！"

"放心，开心，没问题！"

在进行自我肯定时，可以描述目标达成后的状态。这能更加有效地提升自我肯定感。相较于"能够做到"，要告诉自己"已经做到"。例如，你可以告诉自己"考试合格了""工作报告做得很好""今天过得很顺利"等等。这能让你清晰地想象出目标实现后的场景，获得更强的自我肯定感。

听到这些，或许有人会觉得我在胡说八道。也有人羞于告诉自己"我能做到"。但自我肯定的效果早已得到多项实验结果的支持。

例如，宾夕法尼亚大学的心理学研究团队曾对美国职业棒球大联盟所有球队球员的言论进行了深入研究。团队以球队为单位调查了球员发言的积极和消极程度。结果表明，在赛季中对媒体发表消极言论的球员较多的球队，次年成绩出现下滑；相反，球员发言更加积极的球队，次年成绩提升。团队在第二年进行了同样调查，并得出了相同的结果。也就是说，球员常将"能行""没问题"等积极话语挂在嘴边的球队，更容易获得好成绩。

事实上，许多运动员都会在日常生活中进行自我肯定。我曾为职业运动员提供心理咨询，有多位运动员依靠自我肯定提高了成绩。自我肯定这一方法对高尔夫和花样滑冰等各类竞技运动员都十分有效。

四、面带笑容，声音洪亮

我在上一节中提到，带有危险信号的口头禅不仅指话语本身，还包括表达方式。而正确的表达方式有助于提升自我肯定感。良好的措辞、语气和表达方式能踩下心灵的"油门"，其中大都是习惯性行为。若能养成良好的习惯，便能掌握正确的表达方式。请你努力学习并掌握。

改善表达方式的关键在于控制音量和表情。你看过田径项目中的铅球比赛吗？运动员在投掷铅球时，会大声呐喊。这个行为是存在科学原理的。大声说话能促进脑内肾上腺素的分泌，帮助运动员发挥出更大的力量。肾上腺素是一种激素，能够刺激交感神经，而交感神经是激活人体机能的自律神经。交感神经受到刺激后，身体会进入兴奋状态，心跳和血压上升，身体机能随之提高。

此外，你是否听过这样一句话？"人不是因为悲伤才哭，是因为哭才悲伤；人不是因为高兴才笑，是因为笑才高兴。"这句话源于一个心理学理论，名为"詹姆斯·朗格情绪说"。人类在笑的时候会分泌俗称"幸福荷尔蒙"的内啡肽，以及俗称"快乐荷尔蒙"的多巴胺。内啡肽能让人感到幸福，减轻痛苦，因此又名"脑内吗啡"。多巴胺则具有抑制压力荷尔蒙分泌的功能，让你时刻充满干劲。只要展露笑容，就能对内心产生积极影响。

综上所述，大声说话能让身体充满力量，面带笑容能让人感到幸福。当你被力量和幸福感所包裹，你就能变得更加乐观。当你对人生充满热情，你就能笑对困难。这一方法并不复杂，只需要稍稍改变表达方式即可。是不是很简单呢？请扬起嘴角，面带笑容，声音洪亮地表达话语，让远处的人都能听清。

"不行，我不擅长大声说话……"

"我紧张得脸都僵了，实在笑不出来。"

如果你有类似的问题，不妨试着模仿他人。将自己当成另一个人，模仿对方的表达方式。例如，你可以试着模仿松本人志（日本综艺界搞笑大腕）。你会自然而然地带上关西口音，更好地掌握聊天的节奏，笑容也会增加。当然，你也可以不像松本那样当个逗哏。你无须关注他的说话内容，而是要模仿他的音量、结句方式、语调和表情等表达方式。你也可以模仿《龙珠》中的孙悟空等漫画角色，大大咧咧或气势十足地说话。干脆利落的表达方式能有助于提高自信心。你可以随意选择模仿对象。通过模仿，你就能掌握改变表达方式的方法。

模仿和想象他人的表达方式，不仅能帮助你掌握良好的表达方式，还能重新审视自身，掌握客观看待自己的方法。当你的视野逐渐开阔，你就会发现思想消极时所认为的难题只是不值一提的琐事。而这种想法的转变有助于提升自我肯定感。

如上所述，模仿这一行为能产生许多积极影响。你是否想要尝试一下呢？只要掌握这四条口头禅建议并形成良好的表达习惯，就能提高内心免疫力，重获自我肯定感。改变话语习惯，就能迎来美好人生。

成为理想中的自己所需的最强心态

你听说过"安慰剂效应"吗？即使所服用药物实际无效，患者也会认为该药物有效，病情因此得到改善。这一现象在众多临床试验中得到了证实。

而在社会心理学中有一个类似概念，称为自我实现预言。这是美国社会学家罗伯特·金·默顿提出的概念，指即使是毫无根据的预言（甚至是谎言或臆测），只要每个人都根据预言行动，就会最终实现预言的一种社会现象。

接下来，我将介绍一个发生于英国北岩银行的真实案例。

预言将会实现

北岩银行是英国首屈一指的大银行，但在 2007 年九月，次贷危机的爆发导致银行资金链断裂时，不得不向英格兰银行（英国的中央银行）求助。这一消息传开后，储户们担心存款无法收回，纷纷前往银行取出存款。而随着储户不断减少，银行陷入了更大的危机。虽然英国金融管理局发布紧急声明，表示储户存款仍旧安全，但危机的漩涡并未停止。部分支行甚至因储户试图暴力取款而向警方求援。这场危机最终导致北岩银行破产。

事件开始于一个预言（银行存款无法取回），最终却演变成了现实。同样地，当人们相信股价会上涨，股价就会上涨；当老师相信某个学生的成绩会提高，该学生的成绩就会有所提高。类似的案例和实验数不胜数。

深信不疑就能成功

自我肯定和自我实现预言有着相同的运行机制。例如，当你习惯进行自我肯定，告诉自己"我被幸运之神眷顾"，就会信以为真并随之行动。即便遭遇挫折，你也依旧会相信自己是个幸运儿。你能在不断地尝试中越挫越勇。相较早早放弃的人，你自然更容易成功。

或许有人认为，自我肯定不就是对某事深信不疑吗？要是想想就能成功，就没人会辛苦努力了。但这就是深信不疑的力量。这像是一种夸夸其谈，甚至是信口开河。但请记住，想象具有改变现实的力量。只要你坚信，就能有效激活潜意识。

当你相信自己能做到，潜意识就会寻找相应证据，并四处搜集相关信息，推动你付诸实践。此外，潜意识还会自行寻找证据，证明你已经实现了部分目标。这能帮助你看到自己的优势。因此，你的自信得到提高，愈发积极地行动。深信不疑的力量能让你一步步走向成功。

自我肯定能触发肯定性思维，让你学会看到事物积极的一面。而当你体验到了成功的滋味，自我肯定感自然能得到提高。自我肯定只需十秒就能完成。你只需要宣之于口，并对此深信不疑。

你也试试说出肯定的话语吧——"我一定能做到！"

提升自我肯定感的最强助力是一声"谢谢"

你平时会服用营养剂吗？我平常会服用一些营养剂来补充维生素和矿物质。

所谓营养剂，是指含有保健成分的片剂或胶囊。营养剂并非药品，而是一种常见的膳食补充剂，用于补充饮食中不足的营养素。近期数据显示，约三成的民众每天服用营养剂。营养均衡的饮食是健康生活的基础。营养剂能够快速补充营养素，有助于保障健康。

用口头禅激发出积极的情绪

营养剂能补足饮食中缺乏的营养素，而说一声"谢谢"

能有效改善话语习惯。这一心灵营养剂就是改变口头禅的最强助力。

"谢谢"是一句表达感谢的话语。当你说出"谢谢"时，内心必然处于积极的状态。即便是为小事道谢，充满感激的内心也定然不会产生消极的情绪。得到他人的感谢时，你也同样会产生高兴、感动、畅快等积极的情绪。

"谢谢"宛若一句咒语，表达谢意和收获感恩的双方都会产生积极的情绪。例如，我在早起时会说："新的一天又开始了！太阳，谢谢你！"无论什么场合，无论是否发自内心，你都可以将"谢谢"这两个字挂在嘴边。习惯表达感谢能切实提升自我肯定感。

"谢谢"能帮你摆脱恶性循环

有人认为，心中没有感激便说不出谢谢。但有意识地说出"谢谢"这一行为本身就具有重要意义。我曾切身感受过这一方法的效果。

我在前文提过，从二十五岁开始的十年里，我一直闭门不出。当时的我思想消极，口头禅中满是否定词。心中的无力感让我倍感折磨，丧失了自信，始终无法认可自己。当时的我正是陷入了一种恶性循环之中。

我想改变自己，于是开始自学心理学、哲学、自我实现等知识，还进行了多项心理治疗实验。其中，稻盛和夫的《活法》一书给我留下了十分深刻的印象。书中提到，人不仅在幸运时，即便遭遇灾难，也要说声谢谢，表示感谢。我决定遵循书中教诲进行实践。

例如，当我觉得自己非常无能时，我会在心里补充一句"但我依然非常感谢自己"。当我害怕踏出家门时，我也会对自己说一句"谢谢"，当时并非发自真心地感谢，只是试着让自己习惯说"谢谢"。而这一行为改变了深陷恶性循环的我。

首先，"谢谢"起到了情绪缓冲的作用，让我能够冷静地思考未来。我通过思考看到了更多的可能性，与消极情感拉开距离，形成了认知解离。

此外，我也逐渐产生了对自身的感谢，感谢自己还活着，有活动自如的身体和正常运转的潜意识。当然，我对他人的感激之情也变得强烈起来，不断表达着我的感谢。而我也得到了越来越多的感谢，感受到了自身的价值。在这一过程中，我逐渐认可了自己。

我尝试过多种心理疗法，这一方法的效果尤其突出。可见"谢谢"二字蕴含着多么巨大的力量，堪称最强的心灵营养剂。将"谢谢"当作口头禅挂在嘴边，就能学会感恩。

你能看到事物积极的一面，会对微不足道的事心怀感激。你不仅会感恩他人，也会感谢自己。而这能帮助你接纳并重视最真实的自己。

当你不断说出"谢谢"，你就一定会产生感激之情。而当你心怀感激，你就会发现更多值得感恩的瞬间，同时也会收获更多的感谢。在这种良性循环下，你的自我肯定感能得到不断提升。

养成良好的"话语饮食习惯"自然重要，但表达感谢是强有力的心灵营养剂，能帮助你更加高效地提升自我肯定感。将"谢谢"当作口头禅，能指引你走向更美好的人生。

将良好的口头禅当成习惯

至此，本章已为你介绍了养成良好口头禅的四个方法，分别是多用肯定词，句尾加上"也说不定"，给予自我肯定说话时面带微笑，声音洪亮；此外，还介绍了一种心灵营养剂，将"谢谢"当作口头禅。这些方法十分重要，但最关键的是要将这些当作习惯。

一句良好的口头禅无法真正改善内心状态。我们的目标是改变"话语饮食习惯"，需要的不是持续一天或一周的短期效果，我希望你能将良好的口头禅变为一生的习惯。

大脑会优先进行重复

我想再次谈谈人的大脑。大脑是十分复杂的器官，至今仍存在许多谜团，但科学家也发现了大脑的许多特点。

大脑的特点之一就是优先进行重复。无论你听到的话语真实与否，大脑都会信以为真，并优先进行处理。例如，洗澡时你会先洗哪个部位？有人先洗左臂或右臂，有人先洗左脚或右脚，也有人先洗脸。每个人都有自己的顺序。当你改变这一顺序，哪怕已经洗得很干净，可心里仍会感到别扭。这就是优先进行重复的结果。大脑会习惯性地执行固有流程。

我在第一章中提到，大脑的特点之一是神经可塑性。大脑在不停寻找全新的自己，处在持续的变化之中。大脑能够记忆全新的流程，并进行相应地改变。因此，当你不断吸收良好的话语，切实改变口头禅和思维方式，你就能形成相应的习惯。

促进重复的两大方式

促进大脑进行重复的方式有两种。

第一种是及时重复相同的话语。当你说出肯定词时，可以重复三遍。例如，重复三遍"我能做到"或"没关系"。大脑会优先选择相信你的确能做到，并主动寻找理由加以支撑，让你能看到成功的可能（看到事物积极的一面）。

第二种是每天进行重复。其中，每天进行自我肯定尤其重要。希望你每天早上都能进行自我肯定。一日之计在于晨，早上的心情能影响你一整天的状态。当你日复一日地坚持，就能聚沙成塔，塑造美好人生。利用早上的片刻时间改善当天的状态，就能有效扭转你的人生。早上是提升自我肯定感的黄金时间。早上是一天中身体状态最好的时间段。阳光的照耀能够平衡心态，促进人体活性血清素的分泌。而到了夜晚，身体会促进分泌让人感到困倦的褪黑素。因此，早上的每小时工作效率通常是夜晚的四倍。为了充分利用这一黄金时间，应在起床后立刻进行自我肯定练习。

良好的口头禅能够改变大脑

那么，每天早上可以重复哪些口头禅呢？例如，每天早上照镜子时进行自我肯定："我今天状态也很好！""我既努力又幸运！"打开窗户沐浴阳光时，可以举起拳头对自己说："太棒了！"请不要感到害羞，面带微笑地大声说出来。此外，在起床的第一时间进行自我肯定更加有助于养成长期的习惯。

两个月便能养成习惯

养成习惯需要多长时间？

伦敦大学的费莉帕·勒理博士等学者的研究表明，对于简单的事情，持续进行二十一天就能养成习惯。简单的事情是指与日常生活相关的行为，如学习、写日记、阅读等。而无论多么困难的事情，只要坚持六十六天，同样能养成习惯。困难的事情包括节食、早睡早起等与身体习惯相关的事情，以及实现思维习惯从消极到积极的转变等。因此，你可以先尝试在两个月内坚持使用良好的口头禅。

在这段时间内，你需要坚持使用肯定词，每天早上进行自我肯定，有意识地提高说话音量。大脑会在这一过程中逐渐转变思维方式。第三个月之后，你就会习惯进行积极的思考。当然，这两个月里你会遇到挫折。有时你可能会将习惯养成抛在脑后。这是正常现象，不必过于在意。你只需要接受挫折的发生，并立刻重新开始养成习惯。锲而不舍地坚持才是提升自我肯定感的正确方式。除此以外，没有任何捷径。别担心，两个月很快就会过去。在今后的两个月里，你的生活将发生翻天覆地的变化。

将消极的情绪发泄出来

在本章的最后，我想谈一谈注意事项。

"我不该说这种话。"

"这种表达方式不对。"

"必须说这句话。"

请不要将表达本身当成一种责任，认为自己"应该"说什么。我希望你不要被自己的话语所束缚。自我肯定感极高的人也会产生消极的情绪，也会感到痛苦和低落，有时也会想用粗暴的话语表达自己的愤怒。不要因为本书对某些表达习惯进行了批判，便压抑自己的真实情感。将躁动的情绪压在心底只会影响心理健康，导致自我肯定感降低，最终得不偿失。口头禅的确有优劣之分，但一句糟糕的口头禅并不会造成难以挽回的后果。你随时都可以重获自我肯定感。

当心中浮现出消极的话语，倒不如直接表达出来。打开心房，让心灵透透气。大声表达自己的消极情绪，能平复内心的躁动。请尽情宣泄消极的情感，然后将其抛诸脑后。这能让你的心情感到格外舒畅。宣泄完之后，你还可以加上一句"痛快！"这能让你对宣泄消极情绪这件事保持积极的态度。

"我处理了消极情绪。"

"我已经放下了。"

秉承着这样的态度，你才能保持积极的心态，不会因为说了否定词而倍感自责。你能接纳自身的消极情绪，明白如何调整心态。这才是提升自我肯定感的正确方式。情绪没有对错之分，你需要做的是保持积极的心态。

第三章

◇

带动"安心感"的血液循环

本章要点

· 过度积极存在风险。

· 安心感是心灵的基石。

· 安心感的产生需要拥有心灵庇护所，了解世
界的广阔，信任他人。

· "我知道""没关系"助力培养安全感。

· 安全感能让人生变得自由和快乐。

过分执着于积极情绪的风险

在第一章中，我对自我肯定感的三种错误认知进行了反驳。

· 自我肯定感不由出身及成长环境决定。

· 自我肯定感并非终生无法改变。

· 自我肯定感是与生俱来的。

而对于自我肯定感的另一种误解认为，思想积极的人拥有较高的自我肯定感。你是否有过相似的想法呢？许多人认为两者代表着相同的含义，自我肯定感高的人自然思想积极，而思想积极的人必定拥有较高的自我肯定感。

但思想积极并不能提升自我肯定感。例如，我就从来不是一个积极的人。我的性格并不开朗，不曾在音乐节或酒吧里纵情跳舞。我非常认生，性格内向。举行演讲或讲座等活动时，我需要在很多人面前讲话，并不符合我的性格。因此，我会在发言时不停踱步，甚至有意识地将自己调整到"演讲者"的状态。而这样的我，却在谈论如何提升自我肯定感。我认为自己理解并具备自我肯定感。

让我再举一个相反的例子进行说明。班级中有一名人缘很好的同学，他性格开朗，朋友众多。但突然有一天，他不愿意再去上学。没人知道原因，大家都惊讶于这名同学竟然会逃避上学。相信你也听说过类似的事情。成年人也会面临相似的情况。身边的人都认为你乐观而坚强，你也觉得自己思想积极，心理健康。但在某一天，你突然变得毫无斗志。类似的案例数不胜数。

也就是说，思想积极并不等同于拥有较高的自我肯定感。

积极思想的风险

过分执着于积极情绪容易造成一定风险。

一位前来进行心理咨询的母亲曾经自信地说："我的自我肯定感很高，而且思想积极，心情低落时也能迅速调整状态！"她不明白，自己这般积极乐观，为何自己的孩子会出现厌学的情况。

当父母抱有强烈的积极情绪信仰，孩子便很容易情绪低落，因为父母会全盘否定孩子的消极情绪。当孩子倾诉烦恼时，父母只会否定孩子的想法，要求他变得更加积极。

每个人都会有消极的情绪，尤其是孩子。他们很难将影响自己的情绪表达出来或加以控制。如果父母一味要求孩子积极思考，孩子会不知所措，甚至会感到自责，心理状态越来越差。最终，孩子逐渐拒绝与父母交流，亲子间的隔阂越来越深。

积极思考本身是一种良好的思考方式。保持积极的态度是丰富人生体验的重要前提。但过分关注积极思考，会让你忽视消极情绪，导致各种弊端和风险。

人会优先进行消极思考

人类心理研究领域的其中一个分支是进化心理学。这是一门通过追踪人类进化过程以解读人类心灵的学科。我想从进化心理学的视角聊聊人类的消极情绪。

假设我们生活在猛犸象尚存的旧石器时代，死亡会变得如影随形。我们住在没有空调和暖气、难以遮风避雨的居所里。我们每天既要担心食物来源，还要担心受到大型动物袭击，内心不安而恐惧。但正是出于这种巨大的恐惧，我们会时刻留意四周，仔细寻找食物。若缺乏恐惧感和戒备心，我们只会早早被野兽杀死。

从这一角度来说，不安和恐惧等消极情绪是生存所必需的。我想分享一项有趣的相关数据加以证明。美国心理学家沙德·黑姆施泰特的研究表明，人从出生到二十岁的这段时间里，将会听到一万八千次消极的话语。你或许记得父母曾说过类似的话语，例如"不能那么做""这么做太危险了""你还太小，不许这么做"。也就是说，我们的恐惧心既是先天的，又是后天教育的结果。

至于消极与积极的关系，请你想象一下源自汉朝儒教经典《易经》中的太极图。在太极图中，天地万物由阴阳平衡而成的，阴极成阳，阳极成阴。同理，积极与消极并非泾渭分明，也无法单独存在于内心。我们的内心需要达到消极和积极的平衡。

了解消极才能学会积极

因此，我们需要在接受自身消极情绪的基础上，学习积极地看待事物。

例如，模特安米卡活跃于电视综艺节目，总是面带笑容，表现得十分乐观。她十分擅长夸奖他人。前几日，她在节目中的发言引发了网友的讨论。在被要求夸奖一条湿毛巾时，她如此回答："白色有两百种不同种类，但这条湿毛巾的白色十分完美！"为什么安米卡如此善于发现事物的美呢？据她本人所说，这与她曾经的负面经历有关。

安米卡在童年时家境贫困，曾遭遇火灾和校园霸凌。成为模特后，她也需要能力在竞争残酷的模特行业中生存下来。她说："如果不去发现事物美好的一面，我就没办法接受这种痛苦的人生。因此哪怕是一只杯子、一条毛巾，我都愿意去发现它们身上的美好。"

许多人与安米卡有着相似的经历。正因为体会过绝望，才善于发现美好。而许多生活优越的人，却对身边的美好视而不见，感受不到日常生活中的小确幸。相对地，有的人得益于幸福的生活，总能发现美好的事物。

当你习惯于与他人比较，认为自己悲惨而贫瘠时，请你抬起头来重新审视四周。你一定会发现美好的事物。了解消极情绪之后，你就能更好地学会积极。

适当切换情绪的油门和刹车

本书介绍了许多良好的口头禅，但无意否定消极情绪的作用。汽车需要油门，但不能缺少刹车。我们需要掌握正确的时机，适当切换油门与刹车。积极和消极情绪都有各自的应用场景，需要正确把握。想要重获自我肯定感，有一个比积极思考更关键的概念 —— 安心感。本章将围绕安心感展开讨论。

从昭和的积极一代到平成的挣扎一代

过度积极思考十分危险。日本曾经历过一个追求绝对积极思考的时期 —— 昭和时代。我想先聊聊日本社会从昭和到平成再到令和的时代变迁。

昭和是一个怎样的时代？日本在这一时代经历了二战和战后的复兴期，迎来了经济高速增长期。这是一个与泡沫经济高度关联的时代。在这个时代，国力与经济飞速发展，人们的欲望不断地得到满足。泡沫经济时期涌现出了无数拼命工作的企业战士，正如电视广告"你能二十四小时战斗吗？"里呈现出的形象一样，他们能通过努力获得更高的收入、地位和名誉。换句话说，他们有许多获得认可的机会。因此，昭和时代的人们上进心很强，十分积极进取。但这样的时代随着泡沫经济的崩溃迎来了终结。

1989 年开始的平成时代，是经济增长停滞、国民陷入挣扎的时代。人们努力工作，却得不到他人认可。他们必须无偿加班，且难以得到晋升机会。薪水迟迟不涨，人们还可能遭到裁员。渐渐地，出现了所谓的成功者和失败者。在无法获得社会与他人认可的平成时代，人们更加关注内心的自洽。他们开始寻找自我，追求热爱的工作，重新审视自身。民众的心理状态也出现了两极分化；成功者思想积极，而失败者思想消极。

容易受伤的令和社会

经历了这样两个时代，如今的令和又是怎样的时代呢？

近年的热门话题之一是HSP（Highly Sensitive Person），即高敏感人群。这是美国心理学家伊莱恩·阿伦提出的概念，指感官异常发达，容易受环境影响的人群。近期，"易碎人群"一词也引发了热议。我在阿伦的著作中得到了共鸣，心中直呼："这说的就是我！"相信不少人在读过之后也会觉得自己属于"易碎人群"。我相信，会有越来越多的人发现自己是高敏感人群。

如今的日本社会是一个需要察言观色的社会。不管是在学校、公司还是家中，大家都需要时刻注意察言观色。这是一种高语境文化。

高语境文化这一概念由美国人类学家爱德华·T.霍尔提出，指依靠非语言因素进行信息传递的文化。这种文化的特点是，对话双方拥有相同的认知或文化知识，需要依靠话语以外的因素理解说话人的含义。简单来说，就是要进行体会、思考、解读和揣摩。如今的日本大众，无论处在哪个年龄层，都应该对此有所体会。

这也是一个容易的社会。随着社交媒体的发展，微不足道的小事也会暴露在大众的视野中。每个人都可以在网络上匿名发言，因此轻易诽谤中伤他人的网友层出不穷。为了避免遭到网友的谩骂，在社交媒体上发言时必须思虑周全。

身处这样的社会，民众的思想会发生怎样的变化？越来越多的人做事时不求有功，但求无过；行事时尽量避免惹怒他人，以免让自己受伤。渐渐地，他们选择不作为。因为不做就不会做错；不作为就不会遭到指责，也就不会受伤。

例如，公司里来了客人。只要上司不开口，员工就不会主动提供茶水。因为如果擅自行动，可能会因为端茶姿势、沟通方式不当而遭到责骂。如此一来，员工就会认为不行动才是避免挨骂的最佳方式。对此，上司会抱怨员工不懂人情世故。但这与人情世故无关，而是一种思想上的代沟。当然，这也不是一句"代沟"就能解决的问题。但最大的问题在于，这种"不作为才是最优解"的心态，会导致自我决定感的缺失。

所谓自我决定感，是指自行决定是否行动，并相信自己能够达成目标的情感。而缺乏自我决定感是指无法自行决定是否行动的状态。缺乏自我决定感的人，总在等待指示。这类人在被问到自身想法时会不知所措，也不敢在社交媒体上发表自己的观点。关于自我决定感，我会在第四章中进行详细讲解。

而这种自我决定感的缺失，很大程度上影响了自我肯定感的提升。如何才能摆脱这种无法自行决策的困境呢？最关键的就是保持安心感。

安心感是心灵的基石

你知道最重要的人体组织是什么吗？

是大脑吗？我们的确聊了许多大脑的重要性和有趣特征。是眼睛和耳朵这些认知世界的器官吗？是手脚或嘴巴吗？还是本书多次提及的对人体十分重要的免疫力呢？以上这些全都不是正确答案。人体中最重要的是血液。

没有血液，我们的身体就无法正常运转。血液通过心脏的跳动流遍全身。血液为大脑输送氧气，确保其正常运作。血液的流动也能够确保人体各个器官正常运转。流动的血液将免疫细胞输送至病毒和病原菌所在的位置，并将其消灭。也就是说，血液是保证人体正常运转的关键和基石。

血液是保证人体内循环的基石，而对我们的心灵来说，也有作为基石的存在。心灵的基石，就是"安心感"。建房子要从打地基开始，而不能直接在凹凸不平的地面上建房子。而如果地基存在倾斜等问题，房子就会缺乏稳定性，遭遇轻微冲击便会轰然倒塌。

安心感这一心灵的基石同样如此。我们的心灵，尤其是自我肯定感，需要安心感这一基石的支撑。例如，融入环境的安心感，获得接纳的安心感，和平共处的安心感。若缺乏安心感，即便再努力提升自我肯定感，也依旧会感到犹豫和不安。安心感也无法通过积极思考获得，而思想积极也需要安心感的支撑。安心感是这一切的基础。

安心感与心理安全的区别

提到安心感，许多人首先想到的是心理安全这个词。心理安全（Psychological Safety）是近年来颇受关注的一个概念，在职场书籍中多有提及。心理安全是指不会害怕因自身言行而遭到拒绝或惩罚的状态。心理安全性较高的环境能营造轻松的氛围，让大家能够畅所欲言，表达真实情感。这一概念由美国组织行为学家艾米·埃德蒙森提出，因谷歌公司的一个研究项目而被人熟知。该项目提出，能够持续产出成果的团队的特点之一正是心理安全。

这样看来，安心感和心理安全似乎是相近的概念。两者都在寻求内心的安宁和安全。但这两者看似相像，实则大相径庭。接下来，我将详细讲解两者的区别。

心理安全是由外部因素构成的安全保障，是由他人行为、周遭环境等自身以外的因素所形成的客观状态。例如，你在公司时感觉自己可以畅所欲言。这是因为团队成员和公司风气等外部因素构建起了一个安全的环境。再比如，你在某家公司任职的薪水是每月一万五千元。你认为这足够保障正常生活。这也是公司给予的一种保障，是外部因素构建起的安全状态。这种心理安全是外界环境带给你的感受。

而所谓安心感是一种自发性的感受。正如"安心"的字面意思，安心感是从内心涌现而出的感受。

例如，你有一个总能对上司直言不讳的同事。他之所以能够畅所欲言，并不是因为身处心理安全较高的职场，而是因为，包括你在内的其他同事都不敢直言。由此可见，他敢于直言的能力更多得益于自身的安心感。也就是说，他并非身处一个可以畅所欲言的环境，而是自身具备敢于直言的安心感。换句话说，只是他个人认为自身处在可以放心发言的环境。

相反，即便身处心理安全较高的职场，如果自身缺乏安心感，仍然可能对职场环境感到不满。向朋友倾诉这一烦恼时，对方也难以共情。朋友不明白你身处如此优越的环境，为何仍然想要辞职。安心感是无形的，是源于内心的情感，因此有时难以用语言准确描述。

综上所述，心理安全和安心感看似相像，实则大不相同。

培养安心感的三个条件

培养安心感的重点不在于客观事实（心理安全），而在于主观理解。培养安心感依靠的不是他人，而是你自己。培养安心感的各种方法都建立在这一前提之上。培养安心感有三个重要条件。

一、拥有心灵的庇护所

加入一个让你感到安心和安全的集体有助于提高安心感。你也可以找一个提供心灵庇护的人，他的认可也能让你获得安心感。如果缺少心灵庇护所，你就必须时刻绷紧神经，得不到片刻的放松。有时你会敌视他人，感到强烈不安，迟迟无法获得安心感。

如今，我们生活在一个难以获得归属感的时代。随着公司组织的流动性变大，员工对公司的强大归属感也逐渐减弱，员工不再相信能够长期供职于某家公司，也不再将公司同事视作伙伴。地域上的联系同样在减弱。随着社交网络等媒体的发展，网络团体的数量和类型迅速增多，而联系紧密的团体却不断减少。

因此，我们需要主动寻求归属感。当你一味被动等待，便会担忧自己是否获得了团体的接纳与认可，处于持续的不安与焦虑之中。你可以试着主动出击，比如结交志趣相投的伙伴，或是重新联系学生时代的朋友。他们也同样需要伙伴，相信一定会接纳你的。不妨抱着破釜沉舟的心态主动接触他人，努力获得归属感。

二、深刻理解世界的广阔和人生的漫长

在 2023 年 3 月的世界棒球经典赛中，日本代表队时隔十四年夺冠成功，贡献了精彩的表现。其中，最年长的选手达比修有的采访给我留下了深刻印象。当被问到多次击球失败的队友时，他表示："（状态有好有坏）不用太过在意，自己的人生更重要。没必要因为棒球比赛而过分伤心。"他在出镜的网络视频中也提到："棒球只是人生的一部分，我们更应该关注自身。"

在日本，无论是棒球还是足球比赛，国家队运动员常常

听到这样的话语："你身披着国旗""这场比赛绝对不能输"。运动员们背负沉重的责任与压力。而达比修有在比赛期间一直在强调相反的观点。他的这种观念正是培养安心感的关键。不拘泥于短暂的棒球生涯，珍惜自己漫长的人生。相比起棒球运动员这一身份，自己的人生更为重要。达比修有希望大家不要只看到人生的某一面、某一阶段或某一节点。

这个观点也适用于我们的日常生活。比如，工作汇报失误时不必绝望，大不了就是丢掉工作。孩子不愿吃饭时不必慌张，少吃一顿也饿不死。

"世界不只有此处，重要的事物不只存在于此处。"

"如果此路不通，便另寻他路。"

"人生不会因为某事而失败。"

当你如此转变思维，就能放松下来，提高安心感。相反，当你因为失去某份工作而绝望，内心就会越来越紧绷。焦虑、自我厌恶、不安、恐惧等情绪会逐渐侵蚀你的内心。在这种状态中，你无法顺利完成任何事情。

过度害怕失败是视野变窄的信号。因为你无法纵览世界，只能看到周围一米以内的事物。你因此丧失了安心感，变得害怕失败。当你陷入这种状态，请慢慢深呼吸，抬头仰望天空。请你聆听鸟儿的歌声，感受径自流淌的悠闲时光。

你所生活的空间十分狭小，广度不足地球的 1%。当你跳出这个空间，你就会有新发现与邂逅，成为全新的自己。每个人都能找到全新的道路。人的潜力是平等的，也是无限的。就算犯下天大的错，人生也不会就此终结。人生在失败之后仍会继续。

随着经验的积累，你就能明白人的选择和可能性不止一种。

三、相信他人

或许因为如今的人际关系逐渐淡漠，许多人不愿依靠他人，总想独自解决问题。凭借自身力量面对困难的拼搏态度值得肯定，但也因此忽视了他人伸出的援助之手。越是刻苦努力的人，越容易被逼入绝境，导致心态崩溃。

不愿借助他人的力量，总想独自解决所有问题，这也是缺乏安心感的特征。这类人认为依赖他人是软弱和讨好的表现，担心他人对自己的评价会因此降低。请别担心，你可以放心地依靠他人。

人是社会性动物，需要互相依赖。依靠他人并不是一件坏事。当我感觉工作繁重、压力过大时，也会寻求他人的帮助。

例如，我会告诉同事，当前工作完成后会进行三天的温泉旅行，在这期间的工作则交给同事去完成。我也会明确表示，由于个人工作繁忙，需要同事协助完成其他工作。通过话语表达，我可以调整工作和休息的节奏，其他人也能有所应对。

当然，当他人需要我帮助时，我也会不遗余力。遇到无法独立解决的问题时，可以向他人求助。你身边一定有愿意帮助你的人。请试着相信他人，向他们发出求助吧。当你允许自己向他人求助，生活中也会有更强的安心感。

综上所述，我介绍了培养安心感的三个重要条件。安心感来源于自己的内心，很难快速获得，需要在日常生活中耐心地慢慢培养。

培养安心感的两大助力

在第二章中，我介绍了将"谢谢"当成口头禅这一提升自我肯定感的最强"营养剂"。表达感谢有助于提高自我肯定感。同样地，也有能够提升安心感的心灵"营养剂"。在本节中，我将介绍两句能够提高安心感的口头禅。

一、"我知道"

你害怕打针吗？打针时会疼痛，还能亲眼看见针头扎进皮肤。因此，许多人在成年后依然害怕打针。如果是孩子，还会在打针时放声大哭。遇到害怕打针的人，我希望你能对他说"我明白，我知道打针很疼"。你可以不断告诉泪眼汪汪的孩子："你知道打针是怎么回事吧。好紧张啊，你知道会很疼对吧。"孩子会发现打针并没有想象中那么痛。我在心理咨询中惊讶地发现，这一方法适用于不同年龄段的客户。

其中的原理在于，当你接受了疼痛和恐惧，就能判断其带来的感受，内心随之松弛下来。当针头刺入肌肤时，疼痛便会有所减弱。你会感觉并没有想象中那么疼。相反，当你十分恐惧时，身体也会变得僵硬。你可以想象一下害怕到紧闭双眼时的状态，或许就能理解这种僵硬的感觉。而当你身体僵硬时，会感觉更疼，也更容易疲惫。

我再举一个例子。我的一位客户是花样滑冰运动员，他总在做跳跃动作时摔倒，因此始终拿不到好成绩，感到十分苦恼。我建议他在正式比赛前对自己说"我知道自己不擅长跳跃""我知道我会在大赛中摔倒"。习惯使用这句口头禅之后，他在正式比赛中的跳跃动作成功率急速上升。

告诉自己"我不擅长跳跃"，这与积极思考背道而驰。但为何跳跃动作成功率不降反升呢？其中关键就在于"掌控不安"。如果在做跳跃动作时害怕摔倒，自然会因身心紧绷而无法顺利完成。他需要接受并承认自己的弱点。这样一来，他就做到心中有数，掌控可能发生的事情，焦虑和紧张情绪也会随之一扫而空。你不需要进行积极或消极思考，只需要接受事物原本的状态。接受自己当前的状态，就是"我知道"这句口头禅的意义。

例如，你在汇报工作前紧张得双手颤抖。告诉自己"我知道工作汇报令我紧张"，你就能逐渐放松下来，克服失败的恐惧。或是在你因当天的考试或手术感到不安时，也可以告诉自己"我知道自己很不安"，试着接受这种状态。

一句"我知道"就能给我们带来安心感。

二、"没关系"

从"我知道"这句话的效果能看出，能带来安心感的口头禅并非鼓励自己的话语。"加油！""打起精神来！""努力就能做到！"这种鼓励的话语是积极思考的产物，虽能鼓舞自己，却也有副作用。这些话语会给你带来压力，产生不必要的焦虑。

而能带来安心感的口头禅是能安抚自身紧张情绪的话语，是能放松僵硬肌肉的话语。它能安慰失败的自己，安慰充满不安的自己，安慰被逼入绝境的自己。此类话语能给你带来安心感。

因此，我想介绍的口头禅是"没关系"。例如，当你感到不安时，告诉自己"感到不安也没关系"。在犹豫是否更换工作时，告诉自己"没关系，我可以犹豫"。在工作中出现重大失误时，也可以告诉自己"犯错也没关系"。当你想哭时，告诉自己"没关系，我可以哭"。你可以对心中产生的所有情绪说"没关系"，允许自己的情绪产生。

正如我此前提到的，大脑无法区分主体。大脑会相信你所说的每一句"没关系"。坚持使用"没关系"这句口头禅，就能提升安心感。相信自己能够融入环境，获得接纳，与他人和平共处。

安心感能给你带来什么

在本章中，我介绍了安心感这一自我肯定感的基石。相信你已经理解了安心感的重要性，培养安心感的重要条件，以及能够培养安心感的口头禅。

在本章的最后，我将聊聊拥有安心感的人生是怎样的。我曾谈到，越来越多的年轻一代选择不作为。他们不求无功，但求无过。他们认为不应做任何多余的事情，成了一个静待指令的人。当这种想法成为习惯，就会丧失内心的自我决定感。而当你失去了掌控工作和人生的感觉，就会变成一个随波逐流的人。

他们为何会选择不作为呢？关键就在于安心感。因为他们缺乏安心感，内心充满不安。他们担心被责备和嘲笑，担心得不到良好的评价。相反，当心里充满安全感，就能成为主动作为的人。无论是工作、跳槽、恋爱还是学习，都能主动有所作为。

当你缺乏安心感时，你会害怕失败。例如，你的工作繁重而毫无成就感。如果你缺乏安心感，那你就难以有所行动。即便你很想换工作，也会瞻前顾后。你会担心找不到新工作，担心新工作更没有成就感，担心新公司是黑心企业。在各种不安想法的驱使下，你最终选择不作为。而如果你毫无作为，就无法改变现状，只会越来越痛苦。

而当你拥有安心感，就能接受所有的可能性，不会害怕失败。你可以在工作间隙努力寻求跳槽机会，找到更适合自己的工作岗位。当你有了安心感，就不再会选择不作为。而这一状态又会影响你的人生。相较于不作为的人，你的人生要充实得多。

安心感还有另一个作用——它能让你不被环境左右，保持本真，不断发展。拥有了安心感，你就不会隐藏自己的真实想法，也就不会过分在意他人的眼光。因此，无论转学、入职、跳槽还是结婚，你都可以听从本心，做出选择。做真实的自己可以缓解压力，不会执着于同他人比较。处在放松的状态下，你总能表现得十分完美。如果相信自己能够融入任何环境，人生将会变得多么美好。

自我肯定感是幸福的基石，而安心感是自我肯定感的基石。我们可以通过改变日常的口头禅培养自我肯定感和安心感。这并不是一件困难的事情。安心感会随着自我肯定感的培养而不断加强。请通过改变日常的口头禅来培养这两种情感吧。

第四章

◇

自我肯定感的运行机制

本章要点

·自我肯定感由六大感受构成：

自尊感（BE）——人生来就应受到尊重，作为人的价值；

自我认可（OK）——接受自身的优缺点；

自我效能（CAN）——相信自己的能力和潜力；

自我信赖（TRUST）——相信自己，依靠自己；

自我决定（CHOOSE）——想要掌控自己的人生；

自我价值（ABLE）——相信自己对他人有贡献。

何为自我肯定感

在前文中，我提到自我肯定感具有提高内心免疫力的功能。它能治愈受伤的心灵，能避免心灵患上疾病。所有人都曾拥有自我肯定感，只需改变一些小习惯，即口头禅，就能重获自我肯定感。关于自我肯定感的作用，我已经做了详细解释，但相信许多读者想要进一步了解自我肯定感到底是什么。

自我肯定感是美好人生所不可或缺的。本章将从构成自我肯定感的六大感受切入，讲解何为自我肯定感。只有在理论的基础上着手改变口头禅，才能更高效地提升自我肯定感。

构成自我肯定感的六大感受

自我肯定感一词最早作为心理学用语"self-esteem"的译词使用。

美国心理学家威尔·舒兹是该领域的领军人物，他将self-esteem解释为"对自己有自信，且得到他人的充分认可的一种自负和自尊心"。此外，部分日本心理学家将自我肯定感定义为"肯定自我，感到自我满意的态度和情感"。

这些定义足以解释何为自我肯定感，但并未解释自我肯定感是如何产生的，又应如何获得。因此，我通过国内外各类文献的阅读和长时间的心理咨询实践，将构成自我肯定感的感受分为六大类，**分别是自尊感、自我认可、自我效能、自我信赖、自我决定、自我价值。之后，我围绕这六大感受进行了相应的研究。**

这些感受互相联系，构成了自我肯定感，提供了心灵免疫力。自我肯定感需要这六种感受共同构筑，感受之间的失衡会影响自我肯定感的稳定。每一种感受都至关重要。接下来，我将详细介绍每一种感受。

第一步是重塑自尊

第一种感受是自尊感，关键词是"BE"。

我们先从"BE"这个词开始解释吧。你还记得英语中的 be 动词吗？例如"My name is Teru.""You are beautiful."等句子中的 be 动词基本形就是 BE。

BE 也被称为存在动词，表示存在或状态，相当于日语中的"有"。例如，披头士乐队的名曲 *Let it be* 可被译为"（保持）本真"。我在解释自尊感时，总会联想到"BE"这个词。作为一个人类，存在本身就是有价值的。这与地位、名誉和能力无关，有着与生俱来的价值。这是一种类似于"基本人权"的思维方式。

基本人权是指人生来拥有的不受他人侵犯的权利。这是所有人都平等拥有的权利，无论是婴儿，还是努力工作的成人，抑或是已经退休的老人。我们具有与生俱来的价值，理应得到作为人类的尊重。所有人都有其固有价值，与工作能力或容貌无关。你应无条件地尊重自己，拥有更高的自尊感。

但在日本，许多人缺乏这种自尊感。我们来看一下相关数据。2018 年，日本内阁府以十三岁至二十九岁的年轻人为调查对象，进行了自我相关意识的调查（关于日本及他国年轻人意识的调查）。调查范围涉及日本、韩国、美国、英国、德国、法国、瑞典七个国家。

其中，仅有 10.4% 的日本人表示"对自己满意"，34.7% 的日本人表示"比较满意"。回答"对自己满意"和"比较满意"的比例仅在 45% 左右。而在其他国家，这两项的比例均超过了 70%。美国的比例最高，有 86.9% 的年轻人都表示对自己感到满意或比较满意。

此外，只有 16.3% 的日本年轻人认为"自己有优点"，占比在所有国家中垫底。在"是否欣赏自己的某项特质"这一问题中，日本年轻人在所有选项（开朗、温柔、忍耐力、容貌等 10 项）中的勾选率也是所有国家中最低的。

很显然，日本年轻人的自尊感很低。这虽是针对年轻人的调查，但年轻人会以成年人为学习对象，也能敏锐感知社会风气。因此不难想象，许多日本成年人也对自己感到不满意。

 **① 我对自身感到很满意**

| | 完全符合 | 基本符合 | 不太符合 | 完全不符合 | (%) |

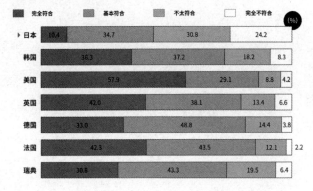

	完全符合	基本符合	不太符合	完全不符合
▶日本	10.4	34.7	30.8	24.2
韩国	36.3	37.2	18.2	8.3
美国	57.9	29.1	8.8	4.2
英国	42.0	38.1	13.4	6.6
德国	33.0	48.8	14.4	3.8
法国	42.3	43.5	12.1	2.2
瑞典	30.8	43.3	19.5	6.4

② 认为自己有优点

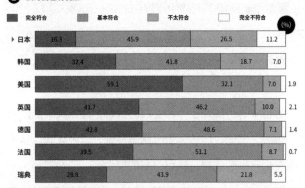

	完全符合	基本符合	不太符合	完全不符合
▶日本	16.3	45.9	26.5	11.2
韩国	32.4	41.8	18.7	7.0
美国	59.1	32.1	7.0	1.9
英国	41.7	46.2	10.0	2.1
德国	42.8	48.6	7.1	1.4
法国	39.5	51.1	8.7	0.7
瑞典	28.8	43.9	21.8	5.5

[根据日本内阁府《关于日本和各国年轻人意识的调查（平成三十年，1989—2019）》第二章第八页制作]

提高自尊感的方法

想知道自己当前的自尊感是高是低吗？有一个简单的方法：留意早起照镜子时脑中浮现出的第一句话。

用每天的第一句话来判断自身的自尊感

刚起床时，你处于一种空白的状态，最能反映出内心潜藏的想法。例如，你感觉自己状态良好，脸色红润。这表明你能看到自身的优势，认可自身的能力。

相反，当你出现疲惫或厌倦工作、学习等负面情绪，则是一种自尊感下降的信号。你需要通过改变口头禅重获自尊感。你可以对着镜子告诉自己，"这样就好""我就是我""我今天也很棒"。将这一行为变成每天的习惯，就能保持高自尊感的状态。

自尊感是自我肯定感的基础

高自尊感是指认为自身具有价值并感到骄傲的状态。这种心理状态会带来怎样的改变呢？你无意与他人比较，无须羡慕他人，也不会因为自身的能力、特点、财富不及他人而感到痛苦。你可以直率地表扬和帮助他人。你的人际关系也会变好。你的内心总是感到满足，能够幸福地生活。

相反，人在自尊感降低时会怀疑自身价值，愈发渴望他人的认可。例如，你十分在意社交媒体上获得的点赞数和粉丝量。这正是自尊感降低的表现。当你习惯于同他人比较，情绪就会受到牵制，始终得不到内心的满足。这种状态会使你变得思想消极，不安而脆弱，更有可能因此造成人际关系的冲突。

自尊感是培养自我肯定感的基础。稳定的自尊感能确保自我肯定感的切实提高。

三句提高自尊感的口头禅：

"就这样没关系！"

"我就是我！"

"我今天也很棒！"

提高自我认可的方法

所谓自我认可，是指能够接受（包容）自身的积极和消极情感。关键词是"OK"，意为接受自己的优缺点，接纳真实的自己。

不在小事上纠结

我们为什么需要自我认可？许多人尤其不能理解，为何要接受自身的消极。用学习举例，这就像是不努力提高弱势学科，只告诉自己"这样就好"。

上一节所说的自尊感，关系到我们与生俱来的价值。每个人都应获得尊重，这是形成自我肯定感的情感根基。

而自我认可是指在深入了解自己的各个方面后，接受完整的自己。接受自己既有温柔对待朋友的一面，也有不遵守时间的一面；既有工作顺利的时候，也有重大失误的时候。当你能够接受这些或积极或消极的表现，就能接纳当前的自己。也就是说，自尊感关注身为"人类"的自己，而自我认可关注身为"个人"的自己。

自我认可的人更能接受失败和压力，能够将困难当作塑造自身的手段之一。因为你充分了解自己优缺点，你知道自己在关键时刻容易犯错，也知道自己临门一脚容易松懈，而你能够完全接纳自己的这些特点。

这种对失败和压力的承受能力，在心理学中被称为"心理弹性"。心理弹性是指陷入不利的社会环境，或面临极大的压力时，能够克服这些困难的能力。例如，有人经历一次失败便自觉人生无望，自此一蹶不振。这并非因为性格有缺陷，更多的是因为心理弹性不足。无论是考试失利、求职失败还是恋爱分手，都不代表着世界末日。无论发生什么，明天总会到来，人生总会继续。

自我认可以及在此基础上产生的心理弹性并不能让你规避失败，但能帮助你克服失败。

喜欢自己

我们无法解决人生中所有不擅长的事情。克服了某个难题，还会发现其他问题；解决了这个问题，又会被另一个问题困扰。这就是人的心理特点。

美国国家科学基金会的研究数据显示，人类每天会进行12000次到60000次的思考（考虑），其中的80%，即约9600次到58000次为消极思考。也就是说，如果只能接受自身优点，便只能接受全部思考的20%，无法实现自我认可。当你能够坦然接受邪恶的、讨厌的、糟糕的和消极的自己，才称得上实现了自我认可。自我认可是培养自我肯定感的重要前提。如果你总是对自己的决定感到懊恼，或是过分在意他人的看法，这就是一种自我认可降低的信号。

首先，你需要尽可能使用"肯定没问题""算了""没关系"等口头禅，逐渐提高自我认可。

此外，你也可以利用第三章中所介绍的"我知道"这句口头禅来提高自我认可。"我知道"这句口头禅表示接受原本的自己。在遭遇困难时，试着说出"好的，我知道，我知道""没关系，我知道"。每个人都很难喜欢上自己。因此，你不必以"喜欢"为目标，可以先努力"不讨厌"自己。

所谓自我认可，正是接纳当前的自己。通过改变口头禅，你一定能够提高自我认可。

三句提高自我认可的口头禅：

"肯定没问题！"

"算了。"

"我知道，我知道。"

提高自我效能的方法

第三种感受是自我效能，关键词是"CAN"。"CAN"是表示可能的助动词。"I can do it（我能做到）"，认为自己能够完成某事的感受就称之为自我效能。

成为直面困难的人

例如，你第一次担任项目负责人。你是否会感到不安，担心自己无法胜任，会辜负大家的期待？或者你会想象成功的画面，相信项目既然交到了自己手中，就一定能顺利完成？想象具有改变现实的力量。想象的画面越是强烈鲜明，实现的可能性就越高。第二种想法更有助于顺利完成项目。

这就是自我效能的力量。相信自己能够成功的自我效能能够指引你走向成功。

当遭遇困难，面对两难境地时，你都能涌现出一种天然的自信，相信自己能够成功。"这个方法怎么样？""这个方法可行吗？"你的脑中浮现出无数想法，享受挑战本身。这就是自我效能较高的状态。

相反，当你自我效能降低，就会害怕挑战。你被消极情感淹没，否定自己的能力，害怕面对失败。你逐渐开始逃避挑战，拒绝行动。你认为"明知做不到，何必要去做""我不想尝试，如果失败了就会被瞧不起"。

遵循小步子原则

如何提高自我效能呢？其关键在于遵循小步子原则。

小步子原则是美国心理学家伯尔赫斯·弗雷德里克·斯金纳提出的概念，核心思想是将实现目标所需完成的事项分解成多个小步骤。这有助于各个步骤的完成，提高行动的成功率。此外，每完成一个小步骤，就能获得完成任务的成就感，提高行动热情。当这种完成任务的成功体验不断积累，就能自然地相信自己能够实现更大的目标，即形成了自我效能。

但如果一开始就想迈出大步子，则难以顺利完成。当你抬头看到耸立的高墙，脑海中会响起"我肯定无法跨越"的声音，难以迈出行动的脚步。你很难感受到成功后的喜悦、成功后的感动、自己的成长等，很容易半途而废。你会逐渐丧失付诸行动的勇气。

关于自我效能，需要注意一点——自我效能的产生需要不断积累的成功体验。也就是说，需要经验的积累。但所谓的经验并不局限于某项工作或方法。例如，某人在东京积累了大量经验，自我效能感不断提高后工作调动到了关西。我不希望他以"我完全不了解关西，肯定干不好"这种理由来搪塞自己。不管工作调动地点是关西、九州还是海外，此前培养起的自我效能仍旧存在。无论自己有没有经验，都会相信自己能够成功。这种感受会刷新你的认知，拓展新的发展方向。

想要培养这种根本上的自我效能，可以使用"我能行"这句口头禅。这句话语简单好记，面对不同问题时，都可以反复告诉自己"我能行，我能行，我能行"。你也可以在早起照镜子时进行自我肯定，告诉自己"今天也会很顺利""我能行"。

通过这些方法不断提高自我效能，就能更积极地迎接挑战，一步步走向成功。面对人生，我们应主动出击，勇往直前。

三句提高自我效能的口头禅：

"我能做到！"

"今天也会很顺利！"

"我能行，我能行，我能行。"

提高自我信赖的方法

第四种情感是自我信赖，关键词是"TRUST"。"TRUST"指"信赖"，自我信赖就是相信自身的感受。如果将这个词换成"自信"，或许你更容易理解。

相信自身的力量

此前提到的自我效能，是指相信自身能力和潜力的力量，相信自己能够成功。而自我信赖则更接近于"信任未来的自己，并依靠这种信任"。

当你具备自我效能时，会认为自己能够完成困难的工作。而所谓的自我信赖是指面对困难的工作时，相信自己肯定能完成，是在依赖（未来的）自己。你身边或许也有这类人吧？他们会早早结束工作，准备下周再继续完成。他们相信自己能胜任重要项目负责人，自信满满地主动申请。这些人都是自我信赖感较高的人。

相反，自我信赖感较低会是怎样的状态呢？会因为不信任自己，而没有勇气挑战新事物。会在心里否认自己的能力，因此错失成功的机会，最终碌碌无为。此外，由于不信任自己，很容易受到他人话语影响，会盲目地听从某人的话语或社会流行趋势。

相反，如果就能不受社会流行趋势影响，坚定选择自己喜欢的时尚，坚持自己喜欢的爱好，继续喜欢受到负面评价众多的作品，就说明你具备较高的自我效能。你有着稳定的内核，能够活出自己的人生。

我尊敬的美国哲学家兼思想家拉尔夫·沃尔多·爱默生，著有一部题为《自立》（*Self-Reliance*）的随笔。这本书影响了德国哲学家尼采和日本的启蒙思想家福泽喻吉，此前又影响了第四十四任美国总统贝拉克·侯赛因·奥巴马。

爱默生在书中写下了这样一句话："顺从自己。"

顺从自己指遵循自己的价值观。若缺乏价值观和对自身的信赖，则很难贯彻这一点。信赖自己，保持稳定的内核，能促进人生的发展。这意味着能够获得自洽而精彩的人生。

用更好的口头禅塑造自身

想要提高自我信赖，要摆脱消极的胡思乱想。当你自我信赖感降低时，就会担心自己无法胜任某项工作，担心交给上司的材料没有反馈是不是因为质量不佳。

这些不安都来自心中的胡思乱想。"我能不能胜任呢？""领导觉得材料做得好不好呢？"你总在尘埃落定之前就自行做出了消极的解释，心中的不安愈演愈烈。

想要摆脱这种胡思乱想，可以使用"也说不定"这句具有认知解离效果的口头禅。当你觉得自己"可能做不到"时，在后面加上"也说不定"。当你觉得自己"做错了"，也可以在后面加上"也说不定"。认知解离是一种心理学技巧，能让你与消极情绪保持距离，客观地看待事物。多用具有认知解离效果的口头禅，就能逐渐从胡思乱想中挣脱出来，不再因小事而倍感焦虑。

在此基础上，可以多用"总会有办法的""没关系"等带有肯定词的口头禅。这能让你的内心回归到信赖自己的状态。

最后，我想分享爱默生说过的一句话。

"毫无根据的自信才是绝对的自信。"

尽管他在年轻时历经坎坷，但他一生坚持着自己的信念，实现了将自己的信念传递给世界的梦想。

三句提高自我信赖的口头禅：

"我肯定能做到！"

"我能做好！"

"总有办法的！"

提高自我决定的方法

第五种感受是自我决定，关键词是"CHOOSE"。

"CHOOSE"是动词，意为"选择""决定"。正如字面意思，自我决定是指能够独立做出决策的感受。

自己决定的事情才是重要的

俗话说，人生的幸福程度与自我掌控程度成正比。如果你拒绝听从安排，选择了自己的道路，当你感受到了自身的成长时，会获得更强烈的幸福感。神户大学于 2018 年进行的一项调查也证明了这一点。

以神户大学为核心的研究团队以日本全国范围内 20 岁

至70岁的约两万名民众为样本，进行了一场大范围的问卷调查。团队调查了个人幸福感与收入、学历、健康、人际关系、自我决定五项之间的关系。在一般认知中，收入或学历越高，幸福感便越高。但调查结果显示，相较于收入和学历，自我决定的程度对幸福感的影响更大。关于自我决定情况，调查限定在高中升学、大学升学和初次就业这三项。调查结果明确显示，以上三项均为自行决策的人，具有更高的幸福感。

为何自己做决定如此重要呢？假设有A和B两名大学生正在求职。A同学在不断剖析自身后确定了意向行业，并努力进行求职活动，成功获得了理想公司的录用通知。相反，B同学并未仔细思考自身情况，听从父母和就业指导老师的建议，拿到了普通公司的录用通知。

在毕业之后，谁会想要好好努力工作呢？自然是A同学。这是他自己选择并争取来的工作，自然更有干劲和自我肯定感。而听从他人建议选择工作的同学B，由于并未自行决策，感觉像是被动接受了这份工作。他自然很难有干劲，人生不受掌控的虚浮之感挥之不去。

除了升学和求职，生活中还有许多类似的情况。当朋友在聚餐时问你想吃什么，你会明确表达自己的想法吗？还是会觉得听从他人安排比较轻松呢？当你一直放弃选择，或许就会变成一个无法自行决策的人。

此外，正如神户大学的研究结果所示，自我决定的欠缺会导致幸福感的下降。这会让人产生责备他人的想法，将如今的不幸都归咎于替自己决定发展道路的人（父母、老师、上司等）。这容易形成不好的口头禅习惯，也不利于精神健康。

而坚持自行决策人生的人，即便遭遇失败，也明白自己只需重新选择。如果走错了路，那便另择他路。这不过是再一次的自行决策，无须感到恐惧。

自我决定影响行为动机

自我决定之所以如此重要，是因为它关系到行为动机的产生。

在心理学中，动机分为内在动机和外在动机。内在动机是指因自身喜好或自身期待等原因自主行动的力量。例如，你出于上理想学校这一内在动机而选择努力备考，这能让你维持较高的行动热情。如果你因此成绩提高，顺利考入大学，就会喜欢上学习本身。而外在动机是指因他人的要求或承诺等外部条件而做出行动的力量。同样用备考来举例，虽然客观事实并未改变，但在这种情况下，个人的行动热情会降低。你会更多地感觉到责任感而非享受，会在潜意识中产生对学习的厌恶感。

也就是说，自己决定才能产生内在动机，才能在享受过程的同时不断努力。而提高自我决定感的关键在于安心感。提高安心感，便不再害怕失败，实现自行决策，能从毫无作为的人转变为有所作为的人。

因此，利用口头禅提高自我决定的方法分为两个阶段。

首先，通过"我知道""没关系"等口头禅来提高安心感。通过营造合适的氛围，获得自行决策、自主行动的自信。

之后，利用"这是我自己决定的""喜欢就去做吧""先试试看"等口头禅鼓励自己做出决定。这样才能让自己放心选择合适的道路，并最终付诸实施。

我在本书中多次使用了"重获自我肯定感"这个表述。而自我决定是重获人生掌控权的必要条件。不要在他人安排好的轨道上奔跑，请开拓自己的道路，迈向属于自己的人生。只有你能选择自己的人生。

三句提高自我决定的口头禅：

"这是我自己决定的！"

"喜欢就去做吧！"

"先试试看！"

提高自我价值的方法

理解自我价值的关键词是"ABLE"。"ABLE"是形容词，意为"具有了完成某事的能力"，源于"be able to"这个短语。

成为对他人有价值的人

自我价值是指认为自身对他人及社会有价值的感受。简单来说，是认为他人会感谢自己，认为自己对他人有帮助和贡献。

阿德勒心理学认为，这种贡献感能激发人的勇气。自我价值感与能够融入环境的安心感或归属感，以及相信自身能力的自我效能直接关联。

我想举一个简单的例子来解释自我价值的重要性。一个醉心事业的人迎来了退休。退休前，他能在工作中感受到自己对他人有价值，看到自身的能力所在。但退休后，他失去了职场的头衔和薪资，整天待在家中还可能会被家人忽略。这会造成一种自己已经失去价值的错觉。许多人正是因为这种想法而导致精神崩溃。

当然，人的价值不只由工作决定，退休也不意味着失去了价值。你可以在兴趣中找到生活的意义，可以通过社区志愿活动或照顾宠物等活动找回自我价值，找回生活的美好。但一心扑在工作上的人，往往很难在职场以外的场景中实现自我价值。最终，很容易导致自我肯定感的降低。

长辈常说，人在成家后会更加坚强。你或许也听过类似观点，认为成家后会更加成熟，有了想要守护的东西就更加强大。这正是自我价值在起作用。

当你为了自己而努力，或许会因受挫而放弃。但当你为了家人等重要的人而努力，能激发出更强大的力量。你会为利他的自己感到自豪，真正喜欢上自己。这一特点同样适用于团队工作。

自我价值同样适用于职场

在职场中，有许多通过提高自我价值来激励员工的案例。例如东京迪士尼乐园举办的"东京迪士尼乐园精神"活动。我先简单介绍一下这个活动。首先，每位乐园表演者都会拿到一张专属卡片。这既是一封信，也是一张选票。每人选出最能为顾客带来欢乐的表演者，在信中写下相应表演者的姓名和所属部门，以及该表演者的优点，然后投进专用信箱。收到信封数量最多，或是同事反馈最好的表演者将获得"最佳精神"大奖，并获得一枚特制胸针。

这种员工之间相互表扬的机制，在星巴克、全日空航空、CA 创投、大和运输等公司中均有运用。"谢谢你当时的帮忙""那次工作你表现得很棒"，同事的夸奖能直接促进自我价值的提高，认可自身的价值。也就是说，互相表扬机制能有效帮助员工在工作中切实感受到自我价值。

职场人士通过提高自我价值，能够进一步提升自我肯定感。这有助于保持愉悦的心情，顺利推进工作，提高业务水平。这对员工和企业来说都是一种正向循环。

自我价值是认为自己应该获得他人感谢的感受，因此全职主妇和老年人很容易出现自我价值缺失。但是工作并不是实现价值的唯一方式。我们的存在本身就具有价值，是在为他人作贡献。例如，你在电车上让座时得到了感谢。这就是一种很棒的贡献。或是你坚持给阳台上的植物浇水，植物开出了花朵。这也是一种贡献。即便没能反映在薪资等数字上，你依旧做出了许多贡献，具有相应价值。你的存在有其固有价值。

因此，要多使用夸奖自己的口头禅，例如"我做出了贡献""我很棒""我每天都很棒"等。因为夸奖自己和被他人夸奖有着相同的效果，都能提高自我价值。你也可以和自己说"谢谢"，告诉自己"今天也很感谢""谢谢我自己"。

"谢谢"是提升自我肯定感的心灵营养剂，同时也具有提高自我价值的效果。

三句提高自我价值的口头禅：

"我为他人做出了贡献！"

"我是个有价值的人！"

"我每天都很棒！"

心理自查的要点

在本章中，我从六大感受阐述了何谓自我肯定感。让我们再来回顾一下。

· 自尊感（BE）——人生来就应受到尊重，作为人的价值

· 自我认可（OK）——接受自身的优缺点

· 自我效能（CAN）——相信自己的能力和潜力

· 自我信赖（TRUST）——相信自己，依靠自己

· 自我决定（CHOOSE）——想要掌控自己的人生

· 自我价值（ABLE）——相信自己对他人有贡献

不要过分关注内心欠缺的部分

包括专家在内的许多人都将自我肯定感当作一种独立的情感，因此，当部分要素缺失（例如自我信赖不足）时，会早早认定自己缺乏自我肯定感。

但事实并非如此。一名优秀的棒球运动员具备优秀的综合能力，包括击球、防守、跑垒、肩部力量、控制能力、判断力等等。但即便某位球员防守能力较弱，仍是一位合格的球员。

你很难完全掌握构成自我肯定感的六大感受，并得到均衡发展。你可以将这六种感受当作一种判断标准，用于审视自身特点。例如，"我能提高第一项的自尊感和第二项的自我认可""我可能很难做到第五项的自我决定"等。

你可以在此基础上，根据自身的情况有针对性地掌握相应的口头禅。

夸奖自己的效果

审视自身的重点在于关注自身特质，而非缺乏的感受。当你执着于自身的不足，肯定会感到失落，产生否定自己的想法。你需要关注自己的优点，尽可能夸奖自己。例如"我好像具备自尊感""我具备自我决定的能力"。

我曾经几近丧失自我肯定感,陷入了失意的低谷。但如今,我重新获得了如婴儿般的自我肯定感,担任起了帮助各位的角色。因为我认可了自己的能力,并不断夸奖自己。

你并非缺乏自我肯定感,只是构成自我肯定感的个别感受存在欠缺。自我肯定感的根基仍然存在,并在逐渐发芽生长。你只要耐心浇水,就能培养起自我肯定感。

三句恢复心灵免疫力的口头禅:

"谢谢我(你)!"

"今天(未来)真幸运!"

"我什么都能做到!"

安心感是培养自我肯定感的基础,而自我肯定感能够提高心灵免疫力。这三句口头禅对于培养安心感至关重要。掌握这三句口头禅,心怀感恩,对未来充满希望,提高自信,你能获得更好的发展。

活着本身就具有价值。活着就是一种胜利。活着就能遇到人生中最美好的事情。

第五章

◇

心灵免疫力影响他人

本章要点

· 你的口头禅能改变身边的人。

· 育儿是学会夸奖的大好时机。

· 学会夸奖后，也别忘夸奖同事和朋友。

· 口头禅能提升自我肯定感。

· 提升自我肯定感能保持自我。

独自幸福毫无意义

"一句口头禅就能改变人生。"

"改变口头禅就能提升自我肯定感，成功获得幸福。"

此类观点的确没错。自我肯定感与性格无关，也与家庭或成长环境无关。改变口头禅可以提升自我肯定感。但请你深入思考：改变口头禅并提高自己的自我肯定感就足够了吗？我们的目标只是让自己获得幸福吗？答案自然是否定的。

例如，我曾进行了包括改变口头禅在内的各种尝试，成功提高了自我肯定感，但我仍然感到不幸福。因为在我的身边乃至日本全国各地，仍有许多人像曾经的我一样，苦恼于自我肯定感的缺失。因此，我开始举办讲座，提供咨询服务并著书出版，希望帮助更多人提升自我肯定感。如今，我能看到身边众人的笑容，让我真切地感受到了巨大的幸福。

因此，在最后一章中，我将不止于介绍改变自身的口头禅，而是将场景拓展到与他人的对话当中，分享能够帮助他人提升自我肯定感的方法。

俗话说，赠人玫瑰，手有余香。善举既能帮助他人，也是获得幸福的最后一步。我们不仅要自己获得幸福，更要帮助身边的人获得幸福。乍看之下，这是一件非常困难的事情，只有特蕾莎修女这样无私的伟人才能做到。但事实上，你无须刻意为之。当你的自我肯定感得到提升，自然会在与他人交流时使用良好的口头禅，对他人产生积极的影响。

我将从两方面阐述这一观点的依据。

为何自身的口头禅会对周遭产生影响

首先，人会与身边的人越来越相像。例如，结婚几十年的夫妻会有夫妻相，性格也会越来越像。又或是东京出生的人进入关西的大学后，会不知不觉变成关西腔，性格也更加幽默。这就是所谓的"变色龙效应"。

变色龙效应是指人会无意识地模仿对方的行为、动作、话语等，而被模仿者会对模仿者抱有好感，这也被称为"镜像模仿"。这一现象除了用于临床心理咨询，还经常用在工作或恋爱等活动中，帮助拉近双方的关系。

变色龙效应的一大特点是在无意识中发生。美国社会心理学家塔妮娅·沙特朗的实验证明了这一点。实验团队安排工作人员与陌生的实验对象进行交流。工作人员会在交谈时根据收到的指示改变动作，例如摸脸、抖腿等。结果显示，20% 的实验对象会模仿摸脸行为，50% 的实验对象会模仿抖腿行为；并且，之后在被问及模仿行为时，实验对象均表示没有意识到自己在模仿，也没有注意到工作人员的动作。

这种变色龙效应同样适用于自我肯定感的提升。当你改善了口头禅，身边的家人、朋友、同事、爱人的口头禅也自然会改变。他们也能得到自我肯定感的提升。

例如，你在工作中遭遇了冲突，同事们七嘴八舌地抱怨，相互指责。此时，某位同事出言安抚大家，相信会一切顺利。办公室里的气氛想必会有所缓和，有助于顺利推进工作。

自我肯定感会改变自身印象

其次，自我肯定感会影响他人对你的印象。

大家平时评判他人的标准是什么呢？大体会从五官、表情、服装、头衔、出身等因素进行判断，而其中最主要的因素是话语。例如，说话慢条斯理，用词礼貌高雅，会让人觉得这是个教养良好、品行端正的人。而说话逻辑性强，常用经济术语等专业词汇的人，会给人以头脑聪明、热爱工作的印象。

说话的内容和语气是评判他人最重要的因素，而说话的内容在很大程度上受到自我肯定感的影响。自我肯定感程度不同，说话内容也会呈现不同特点。对比阅读一下第二章中的"良好的口头禅"和"代表危险信号的口头禅"两部分你就能明白。

因此，当自我肯定感提升后，他人对你的印象就会发生翻天覆地的变化。大家曾经认为你是个沉静的人，之后对你的印象却变成了朝气蓬勃、充满力量的人。当他人对你的印象发生了类似改变，有人会感到与你性格契合，进而加深交往；但相反地，也会有人会因为对你的印象改变而逐渐疏远你；又或者，你得到了更多人的信任，拓宽了交友圈。自我肯定感的程度高低会影响人际关系的变化。

谈到口头禅，总有人会想象在家中自言自语的画面。对着镜子说出口头禅的确就像是在给自己念诵"魔咒"。但真正的口头禅会在与他人对话时脱口而出。例如，听到他人的想法时会有朝气地回应："真好啊！""太棒了！"朋友低落时会安慰对方："放心，会一切顺利的。"早上来到公司时，会开朗地朝大家打招呼："早上好！"

　　不要将口头禅局限于自身，要将它运用到对话交流中。顺畅的沟通能让你和你身边的人都进入一种良性循环，迎来美好的人生。

交流拥有提升自我肯定感的力量

古希腊哲学家苏格拉底曾就何为人、何为正义等根本性问题展开探讨，奠定了哲学和伦理学的基础，被称为"西方哲学的奠基者"。但实际上，苏格拉底并未留下自己的著作。生活在现代的我们之所以能够了解苏格拉底的思想，得益于弟子柏拉图记录下了苏格拉底说过的话语。

苏格拉底为何重视对话

苏格拉底为何不著书呢？原因有两点。

原因之一是苏格拉底认为使用文字进行学习会导致记忆力减退。记录于纸面就像使用了外部记忆存储设备，会导致自主记忆能力逐渐衰退。这会使自己变成一个不动脑筋、毫无思想的人。如果过于依赖电脑或智能手机，就会忘记本已习得的汉字该如何书写。

另一个原因是书面记录所给予的解答是不变的。即便你对纸上的文字产生了疑问，文字也不会回应你的疑惑。哪怕你有相反的观点，也无法同文字展开辩论。苏格拉底更希望能够回应质疑，与众人交流，进行深入探讨。如今，苏格拉底这种重视对话的研究方法仍然受到哲学界的重视，被称为"苏格拉底反诘法"。

从上述原因可以看出，苏格拉底认为，比起写成文字或独自思考，在对话中思考、记忆并深入探讨才是哲学应有的形式。也就是说，苏格拉底相信对话的力量。

在日常生活中我们也能感受到这种力量。我在每次讲座结束后，都会与听众直接交流，听取他们的感想。收集感想的常见方法是进行问卷调查，即在讲座结束后发放问卷，让听众填写自己的感想和疑问。但是听众写下的文字可能只是场面话，并非真实感想。而面对面沟通能观察到对方细微的动作和表情，从细节中了解对方的真实想法。我们能进行更深入的交流，达成理解与共识。此外，我能在对话过程中加深思考，完善我的讲义内容。

对话体现潜意识

再深入聊聊对话的力量吧。

你是否有过这样的经历？你在工作中碰壁，但在与友人交谈的过程中理清了思绪，找到了解决办法。或是在某次交谈时，脑海中突然浮现出一个全新的想法。你在会话过程中理清了思路，激活了思维。这在教练学中被称为"自分泌"。

自分泌是一个生物学名词，原指细胞所分泌的物质对细胞自身也具有作用，在本书中指自己说出的话语能够激活大脑，清晰识别自身的潜意识思维。与他人对话不仅是在传达自身观点，还能够明确自身想法。

如果自分泌的这种效果运用在口头禅上会怎么样呢？例如，你每天早上都进行自我肯定，告诉自己"我很幸运，一切都会很顺利"。这是一句能够提升自我肯定感的口头禅。如果你告诉朋友，"我很幸运，一切都会很顺利"，会发生什么？朋友会问你遇到了什么好事，或是分享自己的幸运经历。你们会就"幸运"这个话题展开交流。而在自分泌的作用下，你的潜意识会相信你的确很幸运，自我肯定感也会得到更快的提升。

对话是有力量的。对话是口头禅（话语）的最终形态。相较于脑内的话语和自言自语，对话具有更强大的力量。我多次强调，口头禅可以切实提升自我肯定感。若能善用对话的力量，就能更加简单高效地提升自我肯定感。

个体的力量可以改变集体

你的口头禅不只作用于你个人，它能传递给周围的人，提高众人的自我肯定感。尤其是在对话中，口头禅能够有力影响双方的自我肯定感。

看到这里，你可能想到的是话语的消极效果。例如，"我的上司总是使用否定词""关系好的同事聚在一起就会抱怨上司""我身边的人都在使用糟糕的口头禅，我如何努力都难以提升自我肯定感"。

职场和家庭的话语环境的确非常重要。如果上司总是满嘴恶言地训斥下属，或是公司同事总喜欢背地里贬损他人，你的确容易受其影响。

但这种职场（集体）环境，也会因你的口头禅而改变。你当前的职场之所以充斥着负面言论，是因为没有话语积极的人。

成为"第一只企鹅"吧

既然如此，你可以成为第一个话语积极的人。成为第一只企鹅（率先跳入危险的大海，带领同伴前进的那只勇敢的企鹅），改变职场的整体氛围吧。

事实上，凭借个人力量扭转集体氛围的情况十分常见。

例如，班里来了一个转校生。他充满活力，谈吐风趣，能和大家打成一片。班级的氛围原本十分沉默，课堂活动时都无人举手发言。但转校生带动了气氛，让班级的氛围一下子变得活泼，同学们关系更加紧密。这种情况其实并不罕见吧。

还有一个很好的例子，在 2023 年的世界棒球经典赛上大显身手的日本队首位日裔球员拉尔斯·诺特巴尔。他在比赛中大方展现自己的喜怒哀乐，积极与队友交流，呈现出了极具观赏性的比赛表现。而在他这种热情的带动下，日本队队员也逐渐放松下来，开始享受比赛。正是得益于诺特巴尔开朗的性格，乐于与队友沟通，才提高了球队的心理安全。

正如运动员诺特巴尔所做的，个体的力量也可以改变很多人。也就是说，你个人的改变能够引发集体的巨大改变。如果你当前所处的职场氛围紧绷，则说明大家的心理安全较低。你可以利用自身的口头禅和问候语，提高整体的心理安全，增强大家的安心感。

口头禅也能够影响潜意识。因此，当上司和同事反复听到你的口头禅，就会在无意识中受到影响。长此以往，上司和同事的口头禅也会在不知不觉中发生改变，进而改善公司的整体氛围。

紧张感是你的同伴

上面这种现象在心理学上被称为"同侪压力"。同侪压力这个词容易给人以负面印象，常被认为是导致人际关系上疲劳和压力增大的元凶。但合理利用同侪压力，也可以将它变成一种助力。

例如，你正在减肥，如果你独自努力，可能会因为某天偷懒没能坚持，干脆就此放弃。这是减肥时的常见情况。但如果有一起减肥的同伴，那情况就大不相同了。你们可以互相鼓励，保持减肥动力。当你有所懈怠时，同伴邀请你明天一起去健身房。这让你重新燃起了减肥的动力。又或者，相较于在家中学习，很多人在图书馆更能集中注意力，因为四周的同学都在认真学习。

与同伴一起努力更能提高你的动力。这种环境会让你产生适度的紧张感和竞争意识，更好地实现目标。此外，当你感到疲惫时也能与同伴互相鼓励，激励对方继续坚持。这就是同侪压力的积极影响。

因此，如果你每天早上都朝气蓬勃地向大家打招呼，同伴们也会很快形成这个习惯，不知不觉间形成一种整体的氛围。

很多人担心自己无法率先改变当前环境。如果本就没有活跃气氛的经验，就更容易退缩。

但我希望你能积极地去看待这件事。只要改变自身，周围的人自然也会随之改变。这种尝试对你自己来说同样意义重大。

你就是燎原的星星之火。你的改变将推动当前环境的改变，形成更和谐的氛围。

良好的口头禅能广结善缘

良好的口头禅能改善你的人际关系，还能帮助你拓展人际关系，即让你认识新的朋友。

例如，在某项目启动前夕，A 言辞消极，总说"好累""做不到""太糟了"；而 B 却十分积极，表示"很期待""要好好加油""这是个好机会"。你更想和谁合作呢？或者说，你更想和谁成为朋友呢？是总在抱怨的 A，还是经常夸奖他人的 B 呢？我相信你一定会选择后者。

消极的话语总是令人丧气（即便与自身无关），听到对他人的抱怨也让人心情不悦。

因此，A 更容易失去人心，被他人疏远。即便他工作能力出众，也同样如此。特别是在如今这个时代，比起职级和薪资，年轻人更追求工作时的舒心。他们不想和厌恶的上司一起工作，也不想在气氛糟糕的职场工作。昭和时代的长辈们会理解他们的这种想法。

那令人感到舒心的人呢？人们自然不会疏远他，反而会聚集在他身边。就像森林里的动物会聚集在泉水边一样，他身边会聚集起许多人。朋友会为他引荐新的朋友。其他部门同事或客户得知他的风评后，纷纷表示想要与他共事。他可能会收到其他公司的挖角，被邀请参加各种酒会或聚会，还可能会因此结识工作伙伴或灵魂伴侣。

能否得到这样的机缘，是由工作能力和为人处世决定的。

如果他人与你相处时感到舒心，就会想要持续这段关系。这种让人舒心的感觉能让你广结善缘。而小小的口头禅也能帮助你广结善缘。

由此可见，能否广结善缘很大程度上决定了你会走上怎样的人生道路。

"身边之人"决定了你的人生

美国的创业家兼演讲家，被称为世界首席导师的吉米·罗恩曾提出"密友五次元理论"，即"你是你最常接触的五个人的平均值"。简单来说，你身边的五个人的平均值都是你。

例如，你加入了学校的棒球校队。校队多次获得日本全国高中棒球赛冠军，队员都立志成为职业棒球运动员，那么你在入队之后也会以此为目标而拼命练习。而如果你所在的棒球队以参加县级大赛为目标，那么你也会以此为目标，进行相应的练习。

当你与五位年收入高达五十万元的精英共事，你也会变得像他们一样热爱工作。在这种进取心的驱使下，你不断提高技能，收入与几人趋近相同。

相反，如果你身边的人年薪都在十万左右，你对工作的态度也会与他们相似。你认为没必要赚那么多钱，年薪十万已经足够了。

纵观历史，相似的例子还有很多。例如，明治维新时期，在远离江户的萨摩藩（鹿儿岛）里，出现了几位引领时代发展，奠定近代日本基础的伟人们，其中包括以西乡隆盛为首的大久保利通、五代友厚、寺岛宗则、森有礼等人。或许是萨摩藩藩主岛津齐彬的先进思想对藩士们产生了影响，这些志同道合的伙伴们在同一时代、同一地区相遇了。正是身边之人对他们的人生产生了影响。

重新审视自己的舒适区

密友五次元理论源于心理学中的"舒适区"概念。让人毫无压力和焦虑，精神状态稳定的场所或状态，就称为"舒适区"。运用在人际交往中，与思维方式、价值观、情感表达都十分相似的人相处，就是处于舒适圈。在此状态下，你总能与对方产生共鸣，直呼"我懂你"。

相反，如果与思维方式差距过大，或者对事物看法完全相反的人共处，我们就会感到非常不适。例如，你完全不了解电车，待在铁路爱好者团体中就会感到很不自在。你会表现得小心翼翼，只想尽快离开。

因此，人会无意识地寻求舒适区，会被吸引到与自己相似的人身边。这就是密友五次元理论的内在逻辑。

你会与怎样的人结缘？会和怎样的人共处？这决定了你会成为怎样的人，又会有怎样的生活。如果你想成为职业棒球运动员，与其升入临近的高中，不如进入经常能在日本全国高中棒球赛中获胜的高中。你能在那里遇到同样立志成为职业运动员的同伴，获得有助成长的环境，拥有倾力指导的总教练和教练。这些更能帮助你成为职业棒球运动员。

自我肯定感的提升也是如此。使用良好的口头禅能够提升自我肯定感，进而广结善缘，改善身边的交友环境。环境得到改善后，自我肯定感也会随之提升，让你时常被积极向上、充满活力、生活幸福的朋友包围。

自我肯定感塑造领导力

我的心理咨询客户来自各行各业，包括运动员、商务人士、学生等，其中不乏大企业的经营者、政治家等领导者。与此类客户接触之后，我发现好领导都有较高的自我肯定感。为何自我肯定感的高低会影响领导力呢？怎样的人称得上是好领导呢？

行为经济学和心理学等众多领域都对领导力理论有所涉及，其中比较著名的是日本社会心理学家三隅二不二提出的"PM 理论"，即团体目标达成机能（Performance）和团体维持机能（Maintenance）构成了强大的领导力，以及美国组织行为学家诺尔·迪奇提出的变革型领导理论，即组织的存续需要指导企业进行变革的领导。

在上述理论中，我认为好领导需要具备两点：决策正确和人格魅力。下面，我将逐一讲解这两点的优势所在。

成为好领袖的条件之一：决策正确

领导者最重要的职责是进行决策。项目是否继续推进，开拓哪些销售渠道，店铺选址在哪里，开发何种的商品，商品体量有多大，聘用哪些员工，如何分配工作。无论团队规模大小，领导者都需要决定团队的发展方向。

很多时候，企业经营者会面临决定公司命运的重大抉择。因此，若领导者目光狭隘，就无法做出正确的判断。例如，在珍珠奶茶兴起时跟风入局奶茶店，等到一年后流行褪去，奶茶店亏损严重。这种情况十分普遍。在面对繁杂的信息时，如果不能从多方面进行综合判断，就无法采取最优对策。

这在知人善任方面也是如此。如果因下属犯错便认定此人无能，着实是不合理。下属的失误可能是环境或组织造成的，或许能在其他部门更好地发挥才能。肤浅的评价会影响下属成长，阻碍团队正常运转。所谓决策正确，就是能够总揽全局，发现事物积极一面的能力。

开阔的视野和积极的理解正是自我肯定感带来的能力。

自我肯定感较低的领导，往往思维消极，目光狭隘，看待事物的眼光也会变得悲观或消极。相反，自我肯定感较高的领导，具备开阔的视野和积极的理解能力，因此能够看清局势，做出正确决策。

成为好领袖的条件之二：人格魅力

即使个人能力再强，也无法独自完成所有工作。优秀的成果需要同伴的协助。领导者的工作安排需要追随者和团队伙伴来完成。

那么，人在什么情况下会想要追随某位领导者呢？正是被其人格魅力所征服的时候。例如，如果上司能在工作中赞赏员工的付出和成绩，下属们的工作积极性一定能得到提高，与上司一同取得良好的成果。此外，上司努力工作的态度会让下属产生敬佩之情，愿意向上司学习，听从上司的领导。

相反，如果上司在言辞中时常带有否定词，否定员工的工作和能力，下属可能会产生排斥心理，对上司感到厌恶。哪怕上司能力与成绩十分出众，下属也不愿意与其共同努力。

正如上述例子所示，个人的性格特点会清晰体现在言辞之中。与他人的沟通方式体现了领导者的性格特点。团队成员会在了解领导的性格后，决定是否要追随该领导。

而沟通方式，即话语，又受自我肯定感影响。自我肯定感较高的人也具备较强的沟通能力，相反则在沟通能力上有所欠缺。也就是说，自我肯定感较低的人无法拥有吸引人才的人格魅力。

以上两点都需要具备较高的自我肯定感。由此可以看出，自我肯定感影响领导力。因此，提升自我肯定感后，自然就能达到好领导的两条标准。

开启一次对话，获得新的机会

本章在此前谈到，自身的口头禅和自我肯定感会影响他人。个人自我肯定感的提升，也会有助于提高他人的自我肯定感，提升集体的和谐气氛。你能广结善缘，更容易成为一名优秀的领导者。

当然，许多读者认为自己无暇顾及他人。许多人也曾向我表示，由于不擅长与人交谈，害怕引起冲突，因此竭力避免与人交往。但这种想法实在令人感到惋惜！只要我们还活着，就总会与他人产生联系。我们每天都需要与他人交谈。没有人能完全回避交流。既然如此，何不将交流的时间和话语当作能够重获自我肯定感的机会？我不希望你进行交流是为了他人而非自己。但我想告诉你，理解自我肯定感与交流之间的联系，有利于你自身的发展。

在育儿中学会夸奖

这是我想对正在育儿的父母们说的一句话。我认为父母这个角色最能帮助你提升自我肯定感。

不少咨询者曾表示自己在育儿时总说很烦躁，忍不住责备孩子。育儿时的确很容易说出否定词，例如"住手""不能干这个""快做作业"等等。父母自然也明白不应该总是责备孩子。因此，他们会陷入深深的自我厌恶，感到情绪低落。

但我们无须过分在意责备本身。我们的确应避免干涉孩子的自主思考和主观意愿，但为了让孩子了解许多社会规则和潜在危险，父母有义务阻止许多不良行为。因此我总是说："与其在意责备，不如多多表扬。"

例如，当孩子挑食时，可以发现孩子的亮点并加以夸奖，例如，可以夸奖孩子"比以前吃得多些了""吃了很多这个菜"。要多对孩子说谢谢，例如"谢谢你帮我收拾""谢谢你""谢谢"等。这有助于培养孩子的同理心，学会关心他人。

不擅长夸奖是因为不常夸奖他人

夸奖他人是一种习惯。夸奖得越多，就越熟练。

试想一下，相较于陌生人或成年人，夸奖自己的孩子不是容易得多吗？你与孩子的交流更加密切，有更多机会和切入点能够夸奖孩子。

多表扬孩子能培养自己发现美的眼光，丰富夸奖他人的话语。渐渐地，你也能开口夸奖同事和朋友。多表扬他人，能为潜意识自然营造良好的话语氛围，自我肯定感能随之提升，育儿的烦恼也会更少。因此，育儿的过程就是学会夸奖的大好机会。

难得扮演一个如此优秀的角色，与其一味苦恼，不如好好享受并合理利用。

提升自我肯定感的最终目的是自立

如何提升自我肯定感？本书围绕"口头禅"这一关键词，介绍了相应方法。但提升自我肯定感是为了什么呢？在本章，我想聊聊最后一个问题，提升自我肯定感的最终目的是什么。

我认为提升自我肯定感的最终目的是自立。或许有人不明白自我肯定感与自立有何关系。我将在本章逐一进行讲解。

何为自立

何为自立？自立有两个特点：经济自立和精神自立。

经济自立这一点，其实很容易理解。所谓经济自立，就是能依靠自身工作维持生活。而自我肯定感是关乎内心状态的问题，因此此处所说的最终目的并不是经济自立，而是精神自立。

那么，何谓精神自立，与经济自立又有何区别呢？所谓精神自立，就是能够独立思考、自主决策的状态。例如，上司不在时也能自行安排工作并执行，或是能够自主思考理想的工作和生活状态，并主动选择相应的工作、工作方式和住所等。这样的人会给人以自立的印象。再或者，当朋友邀请你出游时，你并非一味答应，而是根据身体状况和个人计划，有选择地接受。这也是一种自立的状态。

相反，即便在事业上硕果累累，如果总是听从父母和上司的安排，从不自行决策，那也称不上是精神自立。所谓精神自立，就是不受他人意见影响，不随波逐流，能够自主思考、判断、行动的状态。

精神自立能让人获得自由，拥有选择权、决定权和执行力。这才是最自由的状态。这意味着你可以做想做的事情，过想过的生活。你可以不受他人影响，不用在乎他人的目光。而这种保持本真的状态就是所谓的自由。

相反，如果无法实现精神自立，就会生活在他人的控制之中。升学时听从父母的意见，工作时服从上司的命令，交友时迁就朋友的意愿，你总在扮演他人为你安排好的角色。这样的人生想必十分痛苦。当你失去了对人生的控制感，就无法在日常生活中感到充实。

我再次意识到自立的重要性，是在与一位参加讲座的八旬老者谈话时。最近，参加讲座的老年人逐渐增多。谈到前来参加的原因，老者这样解释道："我虽然退休了，但今后也想靠自己生活。随着年龄的增长，我能做的事情越来越少。但我想一直自立地生活。"从人生的前辈口中听到这番话，让我意识到，实现自立是一项毕生的任务。

自立与独立的区别

我希望你能在理解自立的基础上明确一点：自立不是孤立或独立。

独立是靠自己的力量行事。例如，依靠自身能力开展工作，不依靠任何人维持生活等。这种状态看似强大，但更接近孤立的状态。缺乏与他人的联系，无法形成安心感。独自一人无法消除心中不安，个体的力量也存在局限性。当你处于孤立的状态，就无法获得自由和充实的人生。

虽说自立需要摆脱他人控制，但并非不能依靠他人。真正精神自立的人能够客观评价自身能力，量力而为，互帮互助。想象一下不自立的人是何状态，你能有更清晰的认知。不自立的人，当他人遇到困难时无暇伸出援手。此外，不自立的人在得到他人帮助时，很容易产生依赖心理。日本亲鸾大师曾提出"他力本愿"的理念，主张人不应仅靠自身，要靠"他力"生存下去。亲鸾大师认为，仅凭自己实现往生只是愚者的自欺欺人；相反，承认自身的软弱，放弃独自实现的想法，依靠"他力"生存才是正确的生活方式。

对于总是独自背负一切，容易精神崩溃的现代人来说，这才是正确的想法。

综上所述，精神上的自立可以定义为不受他人控制，并能与他人相互帮助的状态。

自立与自我肯定感关系密切

我们再次回顾一下自我肯定感的定义。**构成自我肯定感的六大感受包括：自尊感、自我认可、自我效能、自我信赖、自我决定、自我价值。**

想要摆脱他人控制，首先需要相信自身能力和潜力，提高自我效能和自我信赖。其次，需要自行决策人生，提高自我决定力。

想转变独立解决一切的思想，需要接受自身局限性，提高自我认可。

提高自我价值能让你在帮助他人的过程中获得贡献感。而自我价值的提高有助于提升自尊感，认可自己作为人类的价值。

由此看来，这六种感受与精神自立是深度关联的。

我们追求的是真实而自由的生活。我们想成为理想的自己，过理想的生活。正如那位年过八旬的老者，直到生命的最后，都希望由自己来掌握人生之舵。为此，我们需要提升自我肯定感，实现精神自立。

为了获得充实而幸福的美好人生，请以此为目标努力吧!

后 记

手握幸福！站上起跑线吧！

改变口头禅能提升自我肯定感，最终获得幸福。这是我在本书一直强调的观点。通过本书的阅读，我们了解了何为自我肯定感，重新审视了自身的自我肯定感，明确了如何提升自我肯定感。现在，大家都站在了提升自我肯定感的起跑线上。

但或许有读者仍然无法迈出第一步，质疑口头禅在提高自我肯定感和改变消极思考上的效果。其实，我在心理咨询时遇到的许多客户也有同样的犹豫。

但请你立刻抛开这种想法。你可以保留疑问，也可以全盘否定，但请尝试一下使用良好的口头禅，因为它的确能带来改变。我为超过一万五千名客户提供了心理咨询，切身感受到了口头禅的效果。

在本书的最后，我谈谈实践的重要性。

一句"南无阿弥陀佛"的传播

你知道日本平安至镰仓时代的僧侣法然吗？法然开创了日本净土宗，坚持"专修念佛"的修行准则，认为只要念诵"南无阿弥陀佛"就能前往极乐净土。"南无阿弥陀佛"这个词想必大家都知道，也有不少人使用过。

说到佛教修行，大家通常会联想到为了开悟而阅读经文、恪守戒律、刻苦修行的形象。但在法然所处的时代，佛道修行比现在更加严格，只有少数人有条件出家修行。

因此，法然提倡的"只需念诵佛语便能成佛"的观点受到了很大争议，尽管如此，法然还是坚持宣传"专修念佛"的理念。其背后的根源是什么？

法然是这样解释的："一般人难以完成严苛的修行。他们既不能出家，也不能每天背诵和阅读长篇经文。但正是这样的老百姓，才真正需要救赎。因此，我们才要提倡所有人都能完成的修佛方法。只有让普通老百姓能够实践佛法，佛教教诲才能传播开来。"法然的目标的确实现了，实践的老百姓层出不穷。抱着试试看的心态开始念诵"南无阿弥陀佛"，毕竟这一方法十分简单。

因为提倡"只需念诵佛语"这种简单的修佛方式，净土宗得到了日本大众的广泛支持，在日本全国范围内发展起来。相信有无数人通过念诵"南无阿弥陀佛"，得到了心灵的救赎。法然提出的这种修佛方法即便在很久之后的现在，仍然得到了许多人的认可。

试着相信"可行性"

就像民众相信法然提出的修佛方法一样，你也应曾尝试抱着怀疑的心态去做某事。

例如，你在电视上看到了一个介绍提高免疫力食品的专题节目，其中提到，每天吃酸奶能够提高免疫力，预防感冒。因此，你决定尝试一下。又或者在各种媒体上看到纳豆有助改善便秘，吃浆果能够明目等观点，你决定亲自实践一下。大多数人在尝试时并不了解酸奶的具体功效，如何提高免疫力，但即便如此，大家仍抱着"试试看"的心态开始喝酸奶。在坚持一段时间后才恍然发现，最近没有感冒可能是因为每天都喝酸奶。当然，也有人的体质不适合喝酸奶，感受不到明显变化，但想必不会有人因此后悔喝了酸奶。

而对于提升自我肯定感来说，口头禅就是那一杯酸奶。你可以不考虑其中的依据和理论，先试着使用良好的口头禅。试着相信每天说"谢谢"能提升自我肯定感，并付诸实践。你会在坚持的过程中发现自己的自我肯定感得到了提升。

例如，你不再羡慕他人，也不再情绪低落，你能保持积极思考，勇于接受挑战。身边的人或许也会告诉你"最近你好开朗啊"。当然，想必你也不会后悔说了"谢谢"，或是后悔使用了良好的口头禅。这是有益大脑与心灵的行为，不必担心有何负面效果。

此外，口头禅和酸奶不同，无须去超市付费购买，可以随时随地使用。这是可以随时进行，且没有风险的尝试。不妨先试试看吧。如果能就此改变人生，岂不是皆大欢喜？

先从说"谢谢"开始吧。这句话就是改变人生的开始。让你不再攀比，专注自我。让你克服失败和压力，享受挑战，走向成功。让你喜欢上自己，被幸福包围。这就是最美好的人生，这就是你的未来。

快试试看吧！从今天开始改变口头禅。

感谢你的阅读！

中岛辉